工廠叢書 ⑱

U0070336

物料管理控制實務〈增訂三版〉

林進旺/編著

憲業企管顧問有限公司　發行

《物料管理控制實務》 增訂三版

序　言

　　物料（或商品）有如企業的糧食，良好的物料控制，影響企業的每一個層面，是整個企業生產管理的核心，對於企業的成本、利潤，都有決定性作用。企業如何獲取價廉物美而且可靠的物料，經濟有效地加以利用，以降低成本、增強競爭力，是企業界成敗關鍵的重大課題。

　　本書是 2018 年增訂三版，針對企業的「物料管理」層面加以撰述，全書是工廠顧問師針對物料控制與倉庫管理，運用通俗易懂的方法，配合眾多的企業管理案例、管理條文、各種作業流程，為你詳細解說物料管理的各種操作重點，例如物料管理部門組織權責、物料需求計劃、物料賬務管制、物料清單、物料管理編號、物料的接收、檢驗、發放，半成品的收發與退貨、成品的收貨、倉庫的規劃設計、倉庫的管理、呆廢料的處理、物料盤點工作，並附上整套的物料管理辦法。

　　本書內容實務，是各企業物料管理的成功精華，相信必能助讀者一臂之力，提供良好的工廠作業規範。

2018 年 11 月

《物料管理控制實務》 增訂三版

目　錄

第 1 章　物料管理的組織權責 / 12

　　物料管理部對整個工廠生產來說，有著至關重要的作用。組織是一切業務的根基，有良好適宜的物料組織，才有良好的物料管理績效。

第 2 章　物料管理的分類與編號 / 38

　　物料分類的功用，主要是便於物料識別，增進物料管理的效率。物料編碼是物料管理的一項基礎工作，編碼的優劣對於後續的管理和使用影響很大。

第 3 章　物料管理的需求計劃管理(MRP) / 61

　　借助電腦對物料作適時、適量的管理，在生產管理上，對物料不足、呆滯料、庫存高等問題加以系統地解決，這種循序漸進地執行模式即稱為物料需求計劃 MRP。

第4章　物料管理的賬務管制 / 93

物料管理部的基本工作就是料賬清晰，做到賬賬相符、賬物相符，是整個企業管理順暢的基本保障。清楚明瞭的料賬對採購、生產、倉庫和會計等各個部門都是至關重要的。

第5章　物料管理的接收管制 / 108

接收物料的管理過程包括從收到收貨通知單開始，到把物料存放到規定的位置為止的整個過程。送貨單是接收材料的憑證，物料管理部以來料報告單的形式通知 IQC 進行檢驗，憑入庫單辦理成品入庫，至此整個物料接收過程就算完成了。

第 6 章　物料管理的領料、發料管制 / 126

物料驗收完畢入庫後，使用部門便可依據一定的程序，填寫單據至庫房領料，或庫房依據工令主動配發物料至使用單位，此類活動稱之謂領發料。

第 7 章　物料管理的半成品收發退回 / 146

對企業生產的半成品的入倉、出倉都要進行適當控制，以防止品質發生變異。發生退料補貨時要及時採取措施，以滿足生產需要。

第 8 章　物料管理的成品收發退回 / 156

成品的收發要遵循一定的流程，仔細核對有關單證和憑證，按單據準確收發。貨物出庫也有程序，一般包括出庫前的

準備、核對出庫憑證、備料、覆核、點交準備等。這樣才能保
證不出錯，避免給企業帶來損失。

第 9 章　物料管理的庫存 ABC 管理法 / 164

　　庫存 ABC 管理法是對企業庫存的物料、在製品、完成品
等，按其重要程度、價值高低、資金佔用或消耗數量等進行分
類和排序，並施以不同的管理、控制方法的一種倉庫管理手法。
庫存 ABC 管理法的精髓就是：控制關鍵的少數和次要的多數。

第 10 章　物料管理的倉庫工程設施 / 176

　　倉庫的硬體設施是指屬於倉庫使用的有形器物，它們為倉
庫的管理及其作業提供了物質基礎和功能保證。要確保倉儲使
用的所有硬體設施始終處於有效的狀態，既能滿足存儲的需
要，又要節約成本，提高效率。

第 11 章　物料管理的倉庫安全管理 / 187

倉庫的安全涉及防盜、消防、防爆、防災及防恐等各方面，不僅要有相應的規章制度，更要樹立全員安全意識，確保倉庫安全。

第 12 章　倉庫的品質管理 / 209

倉庫品質管理指的是與貯存在倉庫的物料有關聯的一切品質活動的過程及其控制，是倉庫全體人員的職責，從建立制度、積極落實，到自覺行動、相互監督，每個過程都必須堅持全員參與，都必須用標準化的思想作為指引。

第 13 章　倉庫管理的實用技術 / 225

倉庫管理包括下面的幾個過程：1.物料的驗收與入庫過程；2.物料的保管過程；3.物料的發放過程；4.清倉與盤點過程；5.安全與事故防患過程。

第 14 章　物料管理的搬運與裝卸 / 244

裝卸操作一般發生在搬運過程的起止點上，對搬運質量往往具有決定性的影響。對搬運和裝卸進行管理和控制都是為了防止原材料、外協件、在製品、完成品等物品在搬運中發生損

壞、變質等，以確保最終產品的質量。

第 15 章　商品的出貨管理 / 272

依據訂單、顧客要求、銷售計劃等文件以及生產進行的實際狀況制定出出貨計劃，目的是給物料管理部、生產部等部門提供一個發運產品的目標，並作為他們實施具體工作的依據，最終保障出貨過程順暢。

第 16 章　呆廢料管理 / 292

　　呆料，是指庫存週轉率極低、使用機會極小，但並未喪失物料原有特性功能的物料。廢料，是指經過使用後，本身已殘破不堪，失去原有功能而本身無利用價值的物料。為避免形成較大的損失，應提前預防呆廢料的產生。

第 17 章　盤點管理 / 322

　　盤點絕不僅僅是點點數而已，實際上，它是另一種形式的檢查確認。通過盤點，既可以發現操作中的失誤，又可以確認工作的效果和效率，並為下一步工作的決策提供依據。

第 18 章　物料管理辦法 / 337

　　制定管理制度和辦法是為了給工作指明方向和目標，提供方法和措施，以此來指導和規範倉庫人員日常作業行為，透過獎懲的措施起到激勵和考核人員的作用。

第 1 章

物料管理的組織權責

一、物料與物料管理

物料一詞從狹義來解釋，通常指材料，是指用以維持產品製造所需的原料、用料、零件配件，然而在生產工廠裏有時材料是指未加工的，而零件即為配件或元件。對材料的解釋，一般生產工廠又以下列方式加以劃分，見圖 1-1 所示。

⑴從功能上劃分，可將材料分為主要材料與輔助材料。主要材料是構成製品最主要的部份，而輔助材料多半配合主要材料的加工而附屬於製品上。例如電視木箱的主要材料為木材，而油漆、油類或包裝用材料則是輔助材料。

⑵從型態上劃分，可將材料分為素材與成型材。素材為仍須加工的材料，它又分為料材與粗型材。成型材為已加工的材料，它又分為配件、零件、組合件。

圖 1-1 材料分類圖

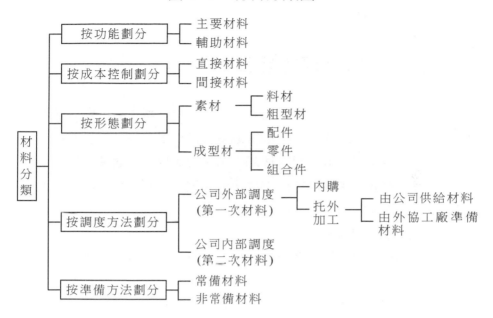

⑶從成本控制上劃分，可將材料分為直接材料與間接材料。直接材料是直接供做製品製造的材料，其消耗與產品的產量成正比，如鑄件之於發動機，間接材料是間接幫助製品製造的材料，其消耗不一定與產品的產量成正比，上述輔助材料有時也包括間接材料，其他還有廠內消耗品、機器修護用的油類或材料。

⑷從調度方法上劃分，可將材料分為公司外部調度的第一次材料與公司內部調度的第二次材料。公司外部調度的第一次材料是指公司內購、外購的材料與托外加工的材料。公司內部調度的第二次材料是指規模較大的公司內部部門很多，由一個部門的材料調度到另一部門使用，這就是公司內部調度的第二次材料。

⑸從準備方法上劃分，可將材料分為常備材料與非常備材料。常備材料是指那些利用存量管制的原理，定時購買一定數量的材

料。工廠中有些特殊材料不能事先購買儲備，必須視生產計劃而隨時決定購買，這樣的材料稱為非常備材料。

二、物料管理的目標

　　一般企業都有兩個經濟上的目標：生存與利潤，而一切的管理效率工作都是在這兩大目標下取得最高的達成率。進行物料管理的目的就是讓企業以最低費用、理想且迅速的流程，能適時、適量、適價、適質地滿足使用部門的需要，減少損耗，發揮物料的最高效率。物料管理的目標主要體現在以下七個方面：

1. 正確計劃用料

　　工廠物料與倉儲管理的首要目標是正確計劃用料。一般來說，生產部門會根據生產進度的要求，不斷對物料產生需求。物料管理部門應該根據生產部門的需要，在不增加額外庫存、佔用資金儘量少的前提下，為生產部門提供生產所需的物料。這樣，就能做到既不浪費物料，也不會因為缺少物料而導致生產停頓。

2. 適當的庫存量管理

　　適當的庫存量管理是物料與倉儲管理所要實現的目標之一。由於物料的長期擱置，佔用了大量的流動資金，實際上造成了自身價值的損失。因此，正常情況下企業應該維持多少庫存量也是物料與倉儲管理重點關心的問題。一般來說，在確保生產所需物料量的前提下，庫存量越少越合理。

3. 強化採購管理

　　如果物料管理部門能夠最大限度地降低產品的採購價格，產品的生產成本就能相應降低，產品競爭力隨之增強，企業經濟效益也就能夠得到大幅度提高。因此，強化採購管理也成為物料管理的重

要目標之一。

4. 發揮盤點的功效

物料的採購一般都是按照定期的方式進行的，企業的物料部門必須準確掌握現有庫存量和採購數量。很多企業往往忽視了物料管理工作，對倉庫中究竟有多少物料缺乏瞭解，物料管理極為混亂，以致影響了正常的生產。因此，物料與倉儲管理應該充分發揮盤點的功效，從而使物料管理的績效不斷提高。

5. 確保物料的品質

任何物品的使用都是有時限的，物料與倉儲管理的責任就是要保持好物料的原有使用價值，使物質的品質和數量兩方面都不受損失。為此，要加強對物料的科學管理，研究和掌握影響物料變化的各種因素，採取科學的保管方法，同時做好物料從入庫到出庫各環節的品質管理工作。

6. 發揮儲運功能

物料在供應鏈中總體上是處於流通狀態的，各種各樣的貨物透過公路、水路、鐵路、航空、海運等各種方式運送到各地的客戶手中，物料管理的目標之一就是充分發揮儲運功能，確保這些物流能夠順利進行。一般來說，物流的流通速度越快，流通費用也越低，表明物料管理的成效越為顯著。

7. 合理處理滯料

由於物料在產品的生產成本中佔很大的比重，如果庫存量過高，滯料現象很嚴重，就會佔用企業大量的流動資金，無形中增大了企業的經營成本和生產成本，因此，降低庫存量是降低產品成本的一個突破口。透過不斷降低庫存量，加上有效的物料與倉儲管理，就能消除倉庫中的滯料，充分利用物料的最高價值。

三、物料管理的五大要件

物料管理的意義是指為計劃協調，並控制各部門的業務活動以經濟合理的方法供應各單位所需物料的管理方法，而經濟合理的方法是指在適當的時間、適當的地點，以適當的價格及適當的品質供應適當數量的物料。這就是有效物料管理必須遵循的五大要件。

1. 適時(Right time)

適時是指在需要的時候，能及時地供應物料，不發生停工待料，也不過早送貨、擠佔貨倉及積壓資金。為達到適時的目標，需要事先進行詳細分析計算何時訂購、何時進料，如處理訂購單時間要多長、供應商生產能力有多大、供應商運輸交貨時間要多長、檢驗收貨時間要多久、出現各種異常大致需多久時間處理等都需要事先詳細分析。

2. 適質(Right quality)

適質是指廠商送來的物料和貨倉發出去生產的物料，其品質都應符合要求。若進來的物料品質不符合標準，生產的產品同樣難以達到客戶的標準，因而會降低公司聲譽，影響公司銷售業績。

3. 適量(Right quantity)

適量是指請購的數量應是適當的，既不會發生缺料，也不發生呆料。採購數量如果不足，會引起停工待料，影響交期；採購數量如果過量，會造成資金積壓，甚至浪費。因此應有一個經濟的訂購量。

4. 適價(Right Price)

適價是指材料的採購價格應適當，即用相對合理的成本獲取所需的物料。採購價格要求如果過低，可能會降低材料的品質、延遲

交期或損害了其他交易條件；採購的價格若過高，成本難以負擔，公司產品利潤少，競爭力減弱，容易失去市場。

5. 適地(Right Place)

適地是指物料供應源的地點應適當。供應商與使用的地方距離應越近越好，距離如果太遠，運輸成本加大，無疑影響價格；並且距離太遠，溝通協調、處理事情很不方便，所需的時間長，容易延遲交期。

四、物料管理部在企業生產中的作用

物料管理部對整個工廠生產來說，有著至關重要的作用。物料管理部門的作用主要包括下列數點：

1. 執行生產計劃；
2. 按計劃從供應商處接收材料；
3. 按流程文件規定對材料實施存儲管理；
4. 及時配發材料給生產部；
5. 返納生產中發生的不良品；
6. 接收生產的完成品；
7. 按流程文件規定對成品實施存儲管理；
8. 執行出貨計劃；
9. 回饋必要的資訊。

圖 1-2 物料管理部的工作原理

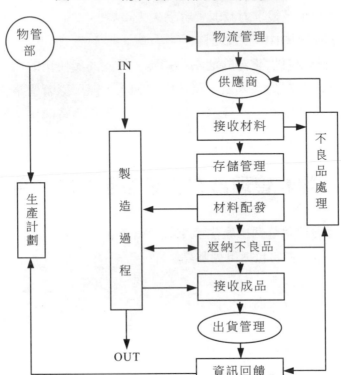

五、物料管理部門的組織類型

組織為一切業務之根基。物料管理亦不例外。有良好適宜之物料組織，才有良好的物料管理績效。

依據組織基本原則與物料管理業務劃分，物料管理組織在企業整體組織中所佔有的角色可分為下列四種：

(1)以物料管理部門為主體的組織，此種組織型態適合於物料控

制之良否，對企業之利潤影響甚大之行業。

圖 1-3　物料管理部門的組織型態

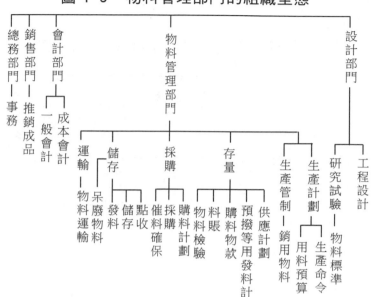

此制度的優點如下：

①自原料之供應計劃至完成品，完全由物料部門負責，前後均在其控制下，因之熟悉業務之內容，全權全責，養成員工高度之負責精神。

②減少各部門間的聯繫，減少不必要的牽制。

此制度的缺點如下：

①供應計劃僅依據生產部門送來之生產計劃與用料預算籌劃之，未與實際生產工作接觸，所做的計劃經常有不切實際之感。

②因所有工作均由同一部門負責，未能充分運用內部牽制制度，容易導致流弊，尤以採購一事最易舞弊。

(2)以生產部門為主體之物料管理組織型態，此種組織型態實際

採用者很少，在僅有一工廠的企業，且其生產對於此企業之經營活動所佔之地位異常重要，而物料之管制又必須徹底配合生產活動之情況下才能適用。

圖 1-4 生產部門為主體之物料管理組織型態

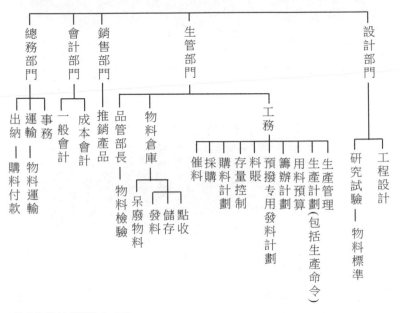

此制度的優點如下：

①物料部門隸屬於生產部門，指揮靈活，便於配合工作進度。

②維持物料順利流入工廠，使驗收物料大部份徑行投入加工製造，減少無謂之收發與堆置。

③避免分權制度下之輾轉磋商與物料移轉之點交核對，減少無謂的紙面工作。

此制度的缺點如下：

①生產部門往往為求工作能如期進行。而儲存過多的物料，導致積壓資金的損失。

②物料完全由生產部門負責，未能充分發揮內部牽制作用。

③生產部門對物料市場情況不盡詳解，容易導致購料之損失。

④非工廠用的物料，由生產部門採購，不盡合理。

(3)各部門平衡分權之物料管理組織，此制度的構想系基於內部牽制之組織原理，將物料有關之職責平衡分配給有關部門，以防流弊發生。

圖 1-5　各部門平衡分權之物料管理組織

總務部門
- 出納 — 購料付款
- 運輸 — 物料運輸
- 事務

總售部門
- （參與生產計劃）— 推銷成品

會計部門
- 審核 — 物料稽核
- 成本會計及一般會計

品管部門
- 物料檢驗

物料管理部門
- 儲存 — 發料、儲存
- 採購 — 點收、採購、購料計劃
- 存量控制 — 呆廢物料、料賬（明細賬）、催料、供應計劃

生管部門
- 製造
- 生產管理 — 銷用物料
- 生產計劃 — 預撥專用計劃、用料預算、生產命令

設計部門
- 研究試驗
- 工程設計 — 物料標準

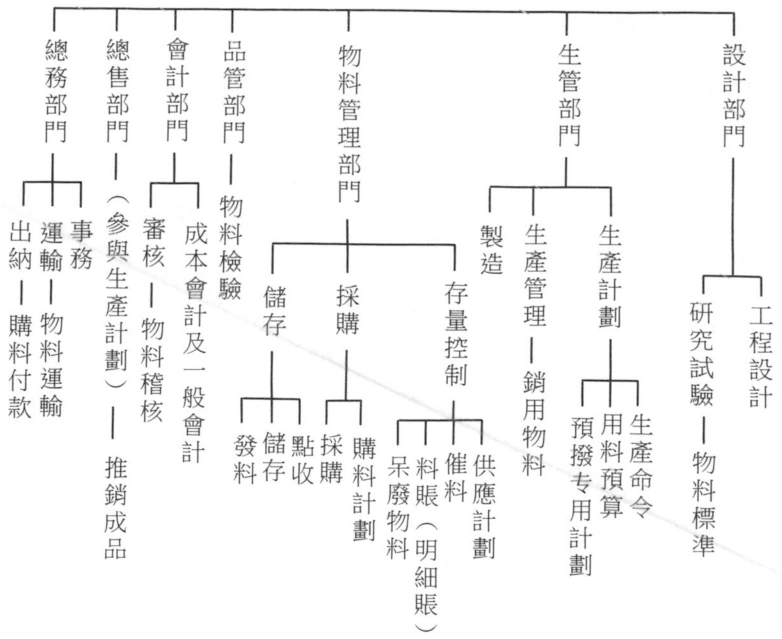

此制度的優點如下：

①平衡分權，內部互相牽制，增進工作的正確性。

②各部門的工作有限，易於集中注意力，達到高效率之境界。

此制度的缺點如下：

①因分權，互相牽制，而導致面商、會簽、蓋章等事務增多，

導致物料管理工作遲緩。

②容易導致割據，攬權推責，而使整個管理系統支離破碎。

(4)採購生產兩部門共同合作之物料管理組織，此制仍綜合上述各制度而成之組織系統。

圖 1-6　採購生產兩部門物料管理組織系統

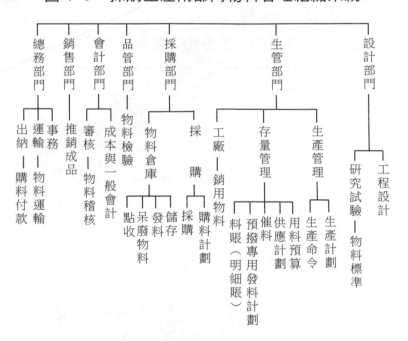

此制度的重心在於生產採購與部門的衷心合作，二部門間平衡分權，互相牽制、妥協，以達到適時、適量、適地、適價、供應合於品質水準(規格)之物料以使生產活動順利進行。

六、物料管理部門的組織形態劃分

　　物控部（生產計劃和物料控制）在整個企業中的地位非常重要，它相當於企業的大腦和中樞神經，整個公司的運作情況都和它息息相關。物控部的職能是讓企業以最低的費用、理想且迅速的流程，能適時、適量、適價、適質地滿足企業物料使用部門的需要，並做到物料供應好、週轉快、消耗低、費用省，發揮物料的最大效能，以確保企業生產的持續進行，且在滿足銷售訂單的前提下使庫存保持最低。

　　由此可見，企業物料控制的重要性不言而喻。如果一個企業的物料控制得不好，就容易造成停工待料或物料積壓，從而影響生產。所以，對於物控部門而言，其作業流程是否規範，控制是否有效率，這些都直接決定著企業的贏利能力和市場競爭力，決定著企業的生存和發展。

　　通常，在大中型的製造企業或將物料控制視為一個重要競爭因素的企業裏，物控部門是一個獨立且重要的職能管理部門，因為此時物料控制對企業而言，具有重要的戰略意義。

　　物料管理部門之組織形態可就大型企業與中小型企業來加以說明。

1. 大型企業的範例如下：

圖 1-7　大型企業的範例

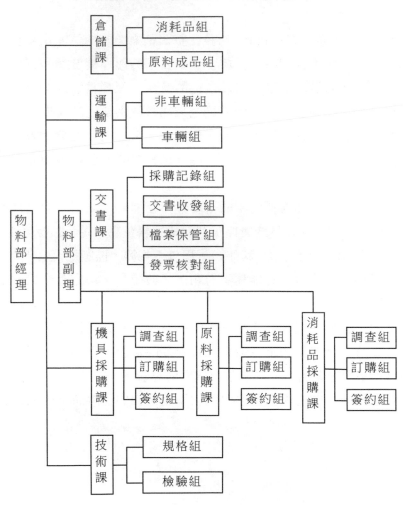

2. 小型企業的範例如下：

圖 1-8　小型企業的範例

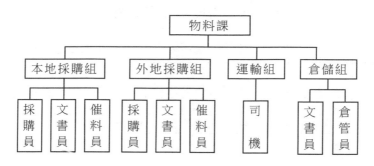

七、物控部的工作流程

　　企業物控部的最終目的就是確保企業生產正常進行。為達到此目的，除設置的組織架構外，還需要建立與企業的性質相一致的物控管理流程。以下是某生產製造企業的物控部門的工作流程。

　　(1)物控部接到生產計劃之後，將計劃內產品與物料清單對照，算出每種物料的需求數量，制訂物料需求計劃。

　　(2)物料需求計劃制訂之後，要根據物料的不同類別與倉儲進行核對，對存貨不足或使用後會導致倉儲低於安全貨存的物料進行請購，在請購時應結合物料定額進行。

　　(3)對採購計劃的實施進行跟蹤，以確保物料按時到位。

　　(4)要嚴格抓好物料的配套供應，以保障配套生產的實現。

　　(5)建立物料的領用統計台賬，隨時掌握物料的領用情況，使物料發放嚴格控制在定額範圍之內。

　　(6)加強對呆料、舊料、廢料、餘料的處理，專人專項負責，四料的處理要及時，不等不靠，防止積壓。

(7)一個訂單、一批產品或一個生產階段之後，要對物料用量進行核算，掌握物料成本。

圖 1-9 物控部工作流程

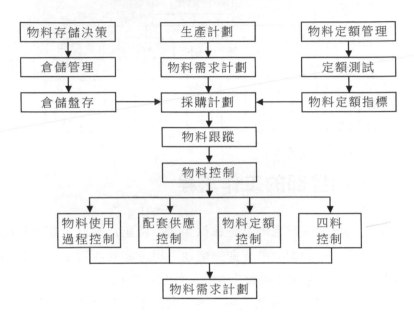

八、物料短缺對生產造成的影響

物料控制水準越高，生產效率越高；物料控制水準越低，生產效率越低；沒有物料控制，就談不上效率。物料控制的目的也是為了提高生產效率。

圖 1-10　物料控制與生產效率的關係圖

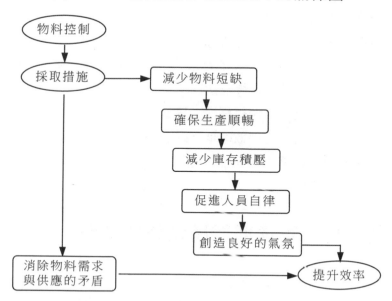

1. 物料短缺對生產造成的影響

生產中一旦出現物料短缺時，會對正常生產造成嚴重的不良影響，甚至導致產生混亂。具體包括：

- · 打亂生產計劃；
- · 造成停工待料；
- · 造成產品在制程中停頓；
- · 導致物品擺放區域混亂；
- · 影響出貨。

2. 物料短缺對製造成本造成的影響

物料短缺所帶來的影響將直接關係到資金和效率，包括延長了生產週期在內的整個過程中無謂的積壓成本。具體是：

- · 增加在工品的庫存成本；

· 增加在工品的管理成本；

· 增加在工品的資金積壓成本。

3.物料短缺對人員的影響

物料短缺現象的增多打亂了正常的生產節奏，容易使人員產生疲憊、散懶的心理狀態。具體包括：

· 鬆懈工作人員的工作積極性，降低工作效率；

· 使工作人員產生管理效率低下的意識；

· 影響公司的形象；

· 不利於各部門統一行動。

九、物料管理部門所負責的業務

(一)物控部的工作職責

物控部人員的工作職責，如表 1-1 所示。

表 1-1　物控部人員的工作職責

職務	工作職責
物控部主管	· 組織進行物料的分析、計算工作 · 建立完善的物控系統和物控運作程序 · 制訂物料計劃並監督實施 · 組織進行物料定額的測試、分析、標準審核工作 · 覆核物料請購 · 監督與指導物料使用過程，處理違規及浪費現象 · 跟催物料進度 · 審核存量控制 · 協調與決策物料有關異常情況 · 協調採購、貨倉、收料等部門的關係 · 組織物料盤點工作

續表

物控部主管	・處理餘料、呆料、廢料、遺留舊貨及零件等工作 ・管理部門日常工作 ・組織部門員工進行相關的培訓 ・組織、建立各訂單日常用料台賬
物料計劃員	・根據生產計劃制訂物料計劃，並跟蹤物料的使用情況 ・計算安全庫存，整理數據統計及物料短缺報告 ・協調物料採購、生產計劃 ・請購生產物料 ・跟催物料
物料跟蹤員	・跟蹤物料進度 ・監控物料使用情況 ・物料品質分析和進料異常的協調與報告
物料定額員	・制訂原材料、輔助材料的物料定額標準 ・測試物料消耗 ・監控物料定額的執行情況
物料監督員	・監督各工廠的物料使用情況 ・指導物料的使用方式 ・上報物料異常狀況 ・糾正物料的違章使用情況
倉儲管理人員	・倉庫的管理工作及所屬部門日常事務 ・物料的進出、存儲管理 ・根據物控部要求開展物料控制工作 ・倉庫整體規劃及「5S」管理 ・建立物料台賬

(二)倉管部的工作職責

1. 倉管部主管的主要工作職責

(1)負責貨倉整體工作事務。

(2)與公司其他部門的溝通與協調。

⑶參與公司宏觀管理和策略制定。

⑷貨倉的工作籌劃與控制。

⑸審訂和修改貨倉部的工作規程和管理制度。

⑹檢查和審核貨倉部各級員工的工作進度和工作績效。

⑺簽發貨倉部各級文件和單據。

⑻貨倉部各級員工的培訓工作。

2.倉管部主管助理的工作職責

倉管部主管助理的工作職責主要有：

⑴負責貨倉部內部各項具體工作的管理。

⑵具體執行和督導貨倉的各項工作計劃的落實情況。

⑶參與貨倉部整體工作的研究與完善。

⑷參與評估現有工作的合理性與有效性及提出改善意見。

⑸加強各倉之間工作的協調與控制，保障各倉之協調運作。

⑹執行貨倉部各項工作的試行與記錄。

⑺落實及分配貨倉工作計劃。

⑻具體考核貨倉部主管助理以下員工的工作績效。

⑼起草工作文件。

⑽編制和執行部門培訓工作。

3.倉庫管理員的工作職責

倉庫管理員的工作職責主要有：

⑴負責倉庫日常管理事務。

⑵按規定收發料。

⑶每日物料明細賬目的登記。

⑷物料進倉儲位的籌劃與排放

⑸繪製《倉庫平面圖》。

⑹倉庫的安全工作和物料保管工作。

⑺填寫貨倉相關報表。

⑻盤點工作的具體安排執行與監督。

⑼檢查監督下屬員工的工作以及下屬員工的培訓。

4.倉庫辦事員的工作職責

倉庫辦事員的工作職責：

⑴根據各倉的上報原始單據及時輸入電腦。

⑵根據電腦單定期或不定期對貨倉賬目和實物進行抽查，並向主管反映結果。

⑶統計訂購單的進出存狀況，列印電腦匯總表。

⑷向會計部門提供成本核算資料。

⑸對倉庫進出倉物料活動情況的終端跟蹤。

⑹監督倉庫備料和出貨情況。

⑺掌握物料到廠的時間。

⑻跟蹤成品卸貨情況。

5.搬運組長的工作職責

搬運組長的工作職責主要有：

⑴物料的搬運和貨倉部各倉庫廢次品的回收及保管。

⑵來料來貨的及時進倉和成品的及時裝櫃。

⑶對待驗物料和產品進行妥善保管，並安排做好標識。

⑷對滯留物品進行維護，以防倒塌、遺失或變質。

⑸對搬運過程中的合格品、待驗品、不良品等區分明確，不混淆搬運。

⑹對危險化學物品的運輸嚴格地按安全規定進行。

⑺維護和管理搬運工具。

⑻搬運人員的培訓工作。

十、物控部職位設置

　　企業物控部在進行內部職位設置時，應以「精幹、高效、合理」為原則，根據物控部各職能劃分和其工作量的大小進行職位設置和人員的配備。企業在對物控部進行職位設置及人員配備的過程中，可以根據企業自身的實際情況採取「一人多崗」或「一崗多人」的設置方案，將相關職位按照其職能進行分解或合併。

　　下表是一家生產製造企業物控部的職位設置及人員配備情況，供相關人員參考。

表 1-2　XX 企業物控部職位設置及人員配備狀況

部門	職位編號	職位名稱	配備人數
物控部	P-01	物控經理	1人
	P-02	物控主管（經理助理）	1人
	P-03	物控文員	1人
			總計人數：3人
中轉倉	B-01	中轉倉主管	1人
	B-02	中轉倉倉管員	3人
			總計人數：4人
成品倉	C-01	成品倉主管	1人
	C-02	成品倉倉管員	4人
			總計人數：5人
材料倉	D-01	材料倉主管	1人
	D-02	材料倉倉管員	5人
			總計人數：6人

案例　工廠物料管理組織實例研究

1.某化學公司物料組織型態

　　公司經營業務範圍很廣，生產方式以加工為主，產品項目有100多種。且能隨客戶要求更改產品之規格，主要原料只有10多種，其來源之1/3為國內公營機構，另2/3為美、日，供應尚稱穩定，物料成本佔銷售金額之70％～80％，此外，公司物料值低而量大，需更大的儲存空間方足應付，然而因財務資金之調度與地皮之難覓，故倉儲容量，為公司目前決策當局亟謀改善之問題。

　　重要相關職掌說明如下：

　　⑴物料課物料股依生產計劃編擬物料計劃(預算)。

　　⑵存量管制經辦人員依物料計劃，參酌庫存量及已訂購數量，決定採購數量。

　　⑶採購經辦人員接到物料股之通知採購交件後，發出請購單，照會財務課依據金額之大小直接呈請總經理、副董事長或董事長批准，而不依序而上，批准後，發出訂購單一式四聯，一聯給供應商，一聯送財務部，一聯送儲運股，一聯存底備查。

　　⑷物料運到後，由生產課品管股負責驗收，如無訛誤，即請儲運股查收入庫。

　　⑸儲運股依驗收結果，發出驗收單共計三聯，一聯連同發票送至物料課，一聯給供應商，一聯存底備查。

圖 1-11　公司物料組織圖(改進前)

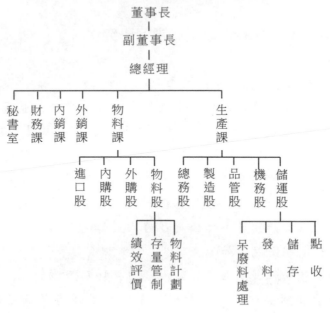

(6)物料課將發票和驗收單送交財務課，財務課據以付清款項。

(7)儲運股依據製造股預送之領料單，在指定日期將原料送至工廠。

該組織優點是物料管理工作職掌劃分明確，權責分明，符合專業廠「分工」原則。

缺點如下：

(1)物料單位分散於不同部門，未能將之整合(Integration)無法達到橫的聯繫，導致公司內部之協調工作繁重。

(2)採購審核，未依序而上。而依金額大小直接送至總經理、副董事長或董事長批准，雖能收時效之功能，但董事長或副董事長批准之採購案件，總經理不曉得，導致總經理對於公司內之採購業務有 80％的案件都不瞭解，此種越級之核准，違反指揮同一

原則。

　　根據上述原則之討論，將組織型態與職掌調整如下：

圖 1-12　組織型態與職掌調整

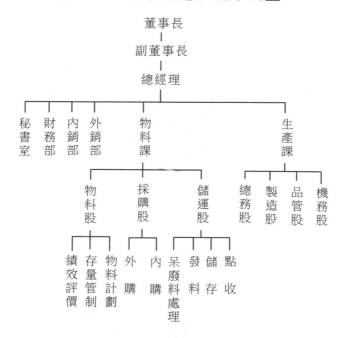

2.某製紙公司物料組織型態

　　公司總資本額 1290 萬元，同年 9 月初正式開工，生產工業用紙─瓦楞蕊紙，初期月產量 1000 公噸，由於品質優良，所以暢銷國內外市場。公司歷年來經不斷擴建及改良生產設備，到目前為止，瓦楞蕊紙月產量已可達 4500 公噸，年產量 54000 公噸。牛皮紙板為月產量 1500 公噸，年產量 18000 公噸，總產量月達 6000公噸，每年達 72000 公噸，為頗具規模之工業用紙專業紙廠，其組織系統圖如下：

圖 1-13 公司組織系統圖

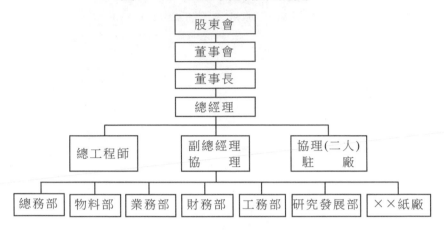

工廠物料管理組織，改善如下：

圖 1-14 工廠組織系統圖

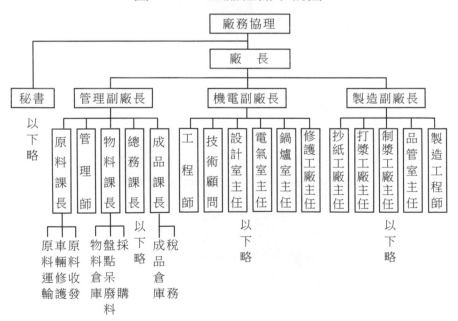

(1)此公司之工廠因將物料管理之組織分成三部份，(成品課、物料課與原料課)，三者互相平行而無一統籌單位。導致許多物料管理制度不一致，而管理師只有建議之權利，沒有管理之權責，經常為了一點管理制度的統一問題，而須再三開會協調，且本位主義甚重，因此經再三研究,將管理副廠長之下屬單位劃分如下：

圖 1-15　管理副廠長的下屬單位

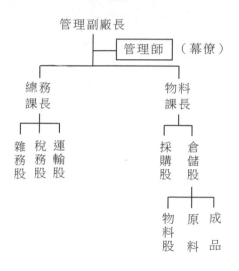

(2)公司之物料部與廠內之管理部對於物料之籌劃權責是依據每月耗用金額來決定權責，即××物料平均每月之耗量若超過某一限額時，由公司之物料部來負責向外採購，因而產生很多問題，最常見的問題是公司買的物料經常不合於現場之使用且時效方面相當差。經研究後，決定依物料的共同性來區分權責，即工廠的共用料由公司物料部統籌處理，而專用物料原則上(除非購置金額超過××數額，此金額為原來金額之×倍，依此專用物料有 90％均由各廠自行採購)，由各廠自行向外採購。

第 **2** 章

物料管理的分類與編號

一、物料編碼的原則

1. 為什麼要給物料編碼

給物料編碼就是賦予一種物料一個唯一的、有規律性的號碼。

因為生產中的物料一般會有很多，對於眾多的物料不便於用名稱或型號去識別。就像人事部門管理人員時要編工號一樣，給物料編制一定的號碼可以給物料管理帶來意想不到的方便。例如下面的一些事項：

⑴賦予物料種類一個唯一的號碼，以便於在使用中識別；

⑵物料流通中需要滿足追溯性時,其編碼可以提供幫助和依據；

⑶實行電算化管理時編碼便於運用管理；

⑷給供應商發行訂單時編碼便於準確化管理。

2. 物料編碼的原則

物料編碼是物料管理的一項基礎工作，編碼的優劣對於後續的管理和使用影響很大。編碼優越時可以使物料管理工作順暢，編碼

差勁時可能會帶來麻煩，嚴重時導致物流系統呆機、癱瘓。

物料編碼的一般原則是：

(1)唯一性，即一個編碼只能代表一種物料；

(2)規律性，要制定編碼的規律，批准後執行；

(3)實用性，編出的號碼要能代表一些意義，便於使用；

(4)包容性，編碼要具有足夠的容量，可以包容生產的發展：

(5)簡便性，要簡單易用；

(6)要使不同的人在不同的時間對於同一種物料所給的編碼保持一致。

二、推行分類編號的步驟

物料分類的功用，主要是便於物料識別、進料管制之效率。

1. 確立目標

推行分類編號之初，首先須分析其目的何在，依目的之所在，而採取其所需之方式。且依企業之客觀環境，融會變通而採取適合機宜之應有措施。

2. 設立編號小組

物料之分類編號工作牽涉甚多，企業於此項工作進行之初，應先召集各有關人員組成小組，以免編出的類別、料號不切實際而無法應用。在正常狀況下，此小組成員由物管人員、工程設計部門與現場維護工程師組成，工程設計部門提供產品、半成品、原料、副料之種類與規格，現場維護工程師提供廠內的維護零件及其廠內生產所需消耗雜項物料之類別、規格與其他特性，物管人員綜合二者所提之資料，並檢討廠內是否仍有其他物料未包含在此二者之內，檢討完後，再依據編號之目標與原則編制物料之分類編號。

3. 搜集資料

小組成員均須依下列方法搜集資料：舉凡工商業現存物料，或現在雖無庫存而過去曾經銷用的物料，對其名稱規格均在搜集之列，市場上有現貨出售且事業將來可能應用之物料以及隨著事業之發展而預計所需之物料，其名稱規格均需同時搜集。

4. 分析整理資料

此工作通常由物管人員處理，對於所搜集之資料，先作分類，對相同者並為一項，對於有疑問之資料，應嚴加分析判明，方可採信之。

5. 擬定分類系統及編號方式

此工作通常由物管人員處理，依搜集的資料擬具大概的分類系統與編號方式。先將資料歸成若干大類，再細分成小類，同時對所有資料，應採取何種編號制度，應由編號小組開會商討，擬定最後方案呈送最高階層議決。

6. 決定計劃及審核資料

經公司核定後，應對原有資料再詳加審核，對原擬定之名稱是否合適，對不同之現用名稱應用何種標準，予以統一，而確定其標準名稱，對參酌對照之英文名稱或日文名稱是否恰當，對所屬的門類，是否恰合業務需要，是否需另行附圖，及附圖是否正確等，此項工作辦理完後，宜對審核的資料重新排列，再慎重開小組會議加以討論，待決定後，再據此編號。

7. 擬定編號草案

依核定資料及經核定的編號辦法，擬定編號方案送核。

8. 議決頒行

經最高當局核准後，便公佈施行之。

9. 編印物料手冊，分送各有關部門。

三、分類的方式

1. 物料編碼的時機

物料編碼一般由開發設計人員或工程技術部人員在承認物料時編制，編制的號碼要記入 BOM 和承認的式樣書上。

圖 2-1　開發部和工程部物料編碼

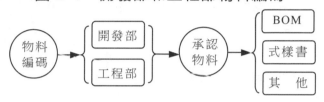

2. 物料編碼的方法

組成物料編碼的基本單位是文字。當產品類別繁多或性質複雜時，這些文字可以多一點，反之，則可以少一點。

一般情況下，編碼的組成包括如下幾部分：

(1) 類別代號；

(2) 類別級別代號；

(3) 產地代碼；

(4) 規格功能代號；

(5) 結構尺寸代號：

(6) 特性代號；

(7) 其他代號。

物料編碼的範例說明

CES—C—106—002—50—S

①	②	③	④	⑤	⑥
類別	產地	規格	尺寸	特性	小號
X X X	X	X X X	X X X	X X	X

其內容按如下解釋：

①類別　CES：C——電容器、E——電解、S——系列，電解電容
　　　　器系列

②產地　J：J——日本

③規格　106：106=10000000pF=10μF

④尺寸　002：尺寸代號——4×7mm

⑤特性　50：耐壓——50V

⑥小號　S：包裝式樣——連續自動包裝

3. 成本會計上的分類

為便於成本的控制與計算，而將物料分成：

(1)直接原料。

(2)間接原料。

(3)外包加工品。

(4)消耗性的工具、器具。（非資產類之工具、器具）

4. 依耗用金額多少所做的分類

即 A、B、C 分類。

5. 依物料是否須經常儲備分類

依此觀點可將物料分成現用現購物料和儲備物料。

其中，儲備物料可分為：

(1)臨時儲備物料：無法事先預知需求量的物料，如項目工程用

料，與訂貨生產之原料。

(2)經常儲備物料：依過去之消耗情形，能事先預知未來需求量的物料，如經常性的修護零件與存貨生產的零件。

此分類方式的用途是為了區別物料存量之管制方式而採用的，現用現購物料，僅在請採購程序方面控制，而不做任何庫存控制，臨時儲備物料，一般均採用物料需求計劃技術來管制的，經常儲備物料通常採用存量控制技術來管制。

四、一般識別用途的分類方法與實例

1. 分類方法

分類的方法是按某種特性先將所有物料分成幾大類，然後再將每種大類分成數類，依此將物料一層層地分類，而按實際情況來決定分類之層次。

分類時可按下列各種特性，依實際需要，將物料分類：

(1)按材料性質分

例如：①鋼，②鐵及鐵合金，③非金屬……等。

(2)依採購地供應商之不同分

便於控制進料及採購所花費之時間。

例如：①歐洲零件；②美國零件；③亞洲零件；④國內零件。

(3)依物料之用途分

例如：①原料，②副料，③機物料，④成品，⑤雜項物料。

(4)依使用地方之不同分

例如：①紡一廠之專用物料，②紡二廠之專用物料，……共同物料等。

2.實例

例如，紙廠之物料分類方法，將物料按其用途分成五大類：

(1)原料：直接用於製造產品的原料，如蔗渣、稻草。

由於項目繁雜，故每大類僅列舉一類，其餘不予列入，又機物料之分類系按用途分類為原則。

圖 2-2　原料分類表

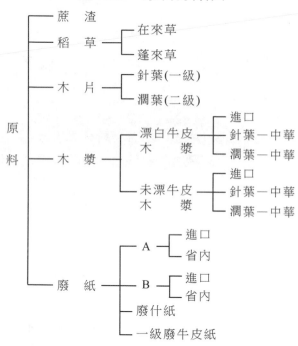

⑵副料：此等材料亦為製造產品所需者，但副料本身並不構成產品的一部份，僅可用以協助製造程序之進行，如液鹼。

圖 2-3　副料分類表

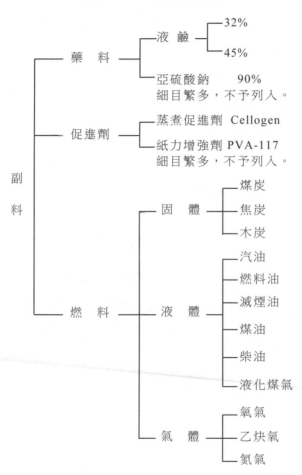

(3)機物料：此等材料包括機器上容易消耗之零件、工具及油料等。如銅質傘狀齒輪。

圖 2-4　機物料分類表

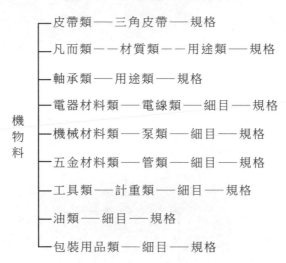

(4)成品：已完成製造之物品。如二號牛皮紙板。

圖 2-5　成品分類表

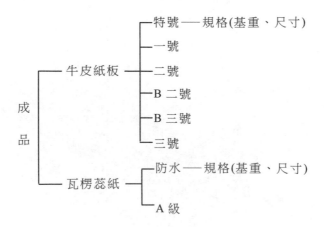

(5)雜項物品：此項物品，仍是維持工廠生產所必需之物品，而無法包括於上列四項者，皆列入本項之內。如泡沫滅火機。

圖 2-6　雜項物品分類表

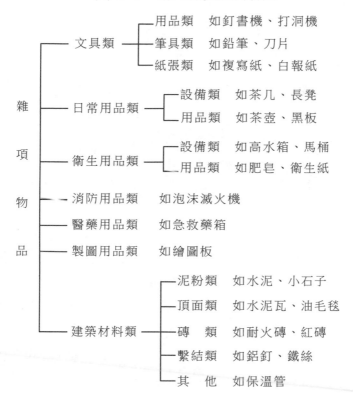

五、物料編號管理辦法

1. 本公司為加強物料的管理及工作的簡化，以增進工作效率，特立本辦法。

2. 凡本公司所有物料之編號及使用方法，悉依本辦法統一規定行使之。

3.本公司對內、對外採購，直接或間接與產品有關的各種進料統稱為物料，按本公司目前所用物料，依其性質劃分為四大類：

①電子零件；

②機件部份；

③包裝材料；

④間接材料。

前兩類為直接材料，乃直接與成品組合有關的各種物料，如印字機、燈管，積體電路、喇叭等(以上屬電子零件)，上下殼、面板、角鐵、旋鈕等(以上屬機件部份)。後兩類為間接材料，乃間接與成品有關的各種耗用料，如皮套、包裝盒、說明書、內紙盒、外紙箱等(以上為包裝材料)。錫條、手套、潤滑油、清潔劑等(以上為間接用料)。

4.由於電子零件外購居多且口語便利關係，在編號使用上全部編以英文代號，中文名稱為輔，如此才可配合採購，而機件部份、包裝材料及間接用料大部份為內購品，使用中文較為便利，因此後三類編以中文名稱，而以英文代號為輔。如遇有後三類為外購品時，採購人員可使用英文代號代替中文名稱採購，外購品進倉時，由收料員查對目錄後改換為中文名稱入庫。例如：內購用旋鈕-010，外購時可用 KNOB-010，待收料時，收料員以旋鈕-010 填入驗收單物料編號欄內，經品管後入庫。

5.物料編號各分類之前端為目錄，即索引物料之用，內容包括有中、英文名稱及頁數對照。電子零件目錄乃按英文代號 A、B、C 順序排列(電線類除外)，機件部份及包裝材料目錄按作業程序及字目相近者編排，不按英文代號為先後順序。間接用料則按類分為：

①油類；

②化學劑；

③錫類；

④雜類等順序排列。

物料編號格式及內容包括如下：

表 2-1　物料編號格式及內容

物料編號	說明	單位	備註
××××	××××	××××	××××

6.物料編號主要採用中文、英文字母、阿拉伯數字編排而成，在性質複雜時常有三者併用，一般情形則以其中二者合用之。而物料編號乃是基於下列數則編成：

(1)易於運用和便於記憶。

(2)位數儘量縮短以三位數字為主，但不脫離本身內容及原則。

(3)如屬同類而各有差異，兩者應予區別。

(4)明確劃分類別，以便歸集及減少錯誤。

(5)須有相當彈性，容納新進料號。

7.一般新開發機型之料號，首先應由開發部作適當分類發記，然後發交廠務部採購調向廠商詢價，求其材料成本，如經批准生產，採購課開始填寫訂購單訂購。

如遇採購上發生困難，採購人員應即與開發部商討代用材料，代用材料如獲准採購，開發部須先將獲准之新料（代用品）依分類登記編以料號，或將代用品備註於原登記料號上或將原料號取消。同時發佈「零件明細表變更通知單」通知各有關單位更正。

料號之取捨及編排，由開發部決定，採購人員必須有開發部所編物料編號，方能填寫訂購單訂購（避免以廠商編號作為本公司物料編號），廠商交貨採購人員應嚴格要求廠商在貨品及統一發票上註明

本公司物料編號,否則物料課收料處一律不令受理。

8.收料員如發現有不明貨品(即無物料編號者)應即查明是否廠商或採購人員遺漏,或其他原因。待查明之後,即將物料號補填於貨品發票之上及填入驗收單物料欄內,在未查明物料編號時,不能以廠商編號代之,以免發生入庫混亂現象。

9.如遇「急需貨品」繳庫,未編以物料編號者,倉庫管理員應即通知工廠會計課會同開發部查明其原因,如證實未經編號,由開發部補登編號手續,同時通知各有關單位。

10.本公司各部門向物料課領料或退料時,一律統一使用物料編號,即零件明細表中之物料編號,填寫領料及退料單經主管核章後方能生效,避免有混亂的情形發生。

11.物料課於盤點時,須將所有物料列入盤點。如前未入帳的各種物料,應將盤點數量補填入帳。

12.本辦法經核准後實施,修正時亦同。

案例 工廠物料編號的具體實例

1.××製紙廠的編號方法

(1)原料:原料的編號方法採三級編號。

表 2-2　原料的編號方法

級別	第一級	第二級	第三級
說明	原料種類	細部分類	來源
例如	稻草	在來草	省內
編號	A02	01	01

茲將原料編號表列示如下：

表 2-3　原料編號表

品名	編號	品名	編號
蔗渣	A01-00-01	中華針葉漂白牛皮木漿	A04-01-01
稻草-在來草	A02-01-01	中華闊葉漂白牛皮木漿	A04-02-01
稻草-蓬來草	A02-02-01	進口廢紙 A(美國)	A05-01-10
木片-針葉	A03-01-01	進口廢紙 B(香港)	A05-11-20
木片-闊葉	A03-02-01	省內廢紙 A	A05-01-01
美國進口未漂牛皮木漿	A04-10-10	省內廢紙 B	A05-11-01
中華針葉未漂牛皮木漿	A04-11-01	省內廢什紙	A05-21-01
中華闊葉未漂牛皮木漿	A04-12-01	省內一級廢牛皮紙	A05-31-01
美國進口漂白牛皮木漿	A04-00-10		

(2)副料：副料的編號方法系採三級編號

表 2-4　副料的編號方法

級別	第一級	第二級	第三級
說明	副料大分類	中分類	細分類(含規格)
例如	藥料	液鹼	45%
編號	B01	01	45

以副料中的燃料編表說明如下：

表 2-5　副料的燃料編號表

品名		編號	品名		編號
固體	煤炭	B03-01-01	液體	煤油	B03-02-16
	焦炭	B03-01-02		柴油	B03-02-21
	木炭	B03-01-03		液化煤氣	B03-02-26
液體	汽油	B03-02-01	氣體	氧氣	B03-03-01
	燃料油	B03-02-06		乙炔氣	B03-03-06
	滅煙油	B03-02-11		氮氣	B03-03-11

(3)機物料的編號方法採四級編號

表 2-6　機物料的編號方法

級別	第一級	第二級	第三級	第四級
說明	大分類	中分類 （材質類）	細分類 （用途類）	規格
例如	凡而	鋼	停止	1/4 ″
編號	C02	01	01	14

機物料編號方法說明如下：

第一級三位數：第一位數為機物料之代號。第二、三兩位數字為大分類。

第二級二位數：表中分類或材質類。

第三級二位數：表細分類或用途類。

第四級二位數：表機物料之規格。

⑷成品的編號方法採三級編號

表 2-7 成品的編號方法

級別	第一級	第二級	第三級
說明	分類	規格（尺寸）	規格（基重）
例如	牛皮紙板、一號	43″	260G
編號	D12	430	260

成品編號說明：

第一級三位數字：第一位數字為成品之代號。第二位數字為大分類。第三位數字為中分類。

第二級、第三級皆為三位數字：為細分類(規格)。

第二級代表尺寸，由於尺寸變化系由 16″ 至 63″，差距為 1/2″，430 即代表 43″，435 即代表 43(1/2)，故以三位數表之。

第三級代表基重，基重之範圍為 90～340G，以三位數表之。

⑸雜項物品之編號方法採三級編號

雜項物品編號說明：

第一級三位數字：第一位數字為雜項物品之代號。第二、三位數字為大分類。

第二級二位數字：為中分類，如無中分類則以二位 00 表示。

第三級二位數字：代表細分類。

表 2-8 雜項物品的編號方法

級別	第一級	第二級	第三級
說明	大分類	中分類	細分類
例如	文具類	用品類	釘書機
編號	E01	01	01

2.汽車修理廠的物料編號實例

茲將工廠中之物料區分為兩大類：零件與供應材料。零件又可區分為特殊用途與一般用途的零件，今為簡便起見，就不再細分之。且就工廠中的材料以混合法與暗示法來編號，若能以其英文原名之字母命名者，則以其編號之，但有些字母均相同，則將以其他字母編號之，有些材料有大小的區別，盡可能以其大小來加以編號，以便記憶。

⑴零件的編號

‧螺絲──T

a. T──一般螺絲，如 T20 表示 2 分的螺絲，T35 表示 3.5 分的螺絲，以實際大小為其數字編號。

b. TT──雙頭螺絲，以實際大小為其數字編號。

c. TR──車心螺絲，以實際大小為其數字編號。

d. TC──中心螺絲。

e. TX──其他螺絲。

‧螺帽──N

a. N──一般螺帽。

b. NX──特殊用途的螺帽。

‧華司──H

a. H10──銅華司。

b. H20──彈簧華司。

c. H20──保險華司。

d. H40──斜華司。

e. H50──PVC 華司。

f. H60──其他種類之華司。

‧管類──P

a. P10——鐵管。

b. P20——銅管。

c. P30——PVC 管。

d. P40——橡膠管。

e. P60——回油管。

f. P70——帶子，束線。

・墊子——HW

a. HW1——油管接頭 PVC 墊子。

b. HW10——排氣管墊子。

c. HW30——進氣管墊子。

d. HW40——引擎部份墊子。

e. HW50　—濾清器墊子。

f. HW60——預燃室墊子。

g. HW70——冰箱墊子。

h. HW80——差速箱墊子。

・套片、膠套——HP

a. HP10——套片。

b. HP20——套環。

c. HP30——膠套。

・伏油唭——WD

a. WD1O——前輪伏油唭。

b. WD20——後輪伏油唭。

c. WD30——變速箱伏油唭。

d. WD40——引擎部份伏油唭。

・鉚針——I。

・彈簧——R。

- 油咀——M。
- 接頭——F。
- 來令——L。
- 燈頭——V。
- 皮碗——C。
- 濾清器——XA。
- 風扇皮帶——XB。
- 起子——XC。
- 肖子——XD。
- 引擎附件——XE。
- 和尚頭——XF。
- 齒輪——XG。
- 肋桶子——XH。
- 蓋子——XK。
- 皮司——XP。
- 組件——XR。
- 鋼板——XS。
- 拉杆——XV。
- 保險絲——XV。
- 開關——XW。
- 其他——XX。

(2)供應材料的編號

- 油類——O。
- 肥皂——SV。
- 布——CL。
- 石筆——SP。

・黏劑──K。

・紙板──BD。

上述之範例並非盡善之編號方法，讀者宜深思並修改之。

3.某塑膠加工廠的物料分類實例研究

某塑膠加工廠分七個小場，射一場，射二場，(依射出成型機之大小，分成二個場)，擠壓場，碎料回生場，編一場，編二場(依機器之廠牌分成兩個場)，修護場，其設立期間甚短，自設廠到目前僅有四年多的歷史，當初設廠時規模甚小僅設有目前之射一場與編一場，後因業務甚好，許多客戶自動加入股東行列，遂有今日之規模。此廠之廠長原任職於某一國營事業，因此物料分類編號完全採用其原來服務公司的分類編號方法，詳細分類編號方法如下：

⑴外購機器零配件。

圖 2-7　外購機器零配件的分類

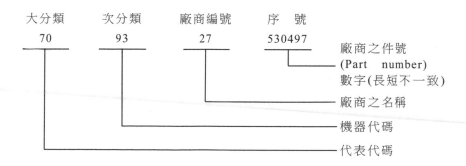

⑵內購物料分三層，以七至八位數字來代表。

圖 2-8　內購物料的分類

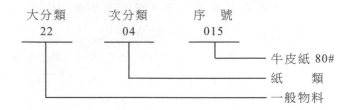

大分類分原料、副料、一般物料，中分類依據物料之性質，最後則以規格來區分。若無法查到對應之料號，則次分類與序號自行編訂，但在號前加 V 字。

此分類編號方法因是由物料管理部門單獨依據廠長原來所服務公司之物料分類編號手冊來編制，因而在日常物管業務中發生下列分類之問題：

⑴不適合本廠物料之特性，無法達到系統化。

⑵分類編號系由物管單位單獨編制而成，因物管人員對工廠內之機件不甚瞭解，無法確切將場內所有機器(設備)之維護零件加以編號，因此目前有關這一方面之物料編號殘缺不全，且工廠現場人員不易瞭解編號手冊，也因而導致物料單據上鮮有填寫物料編號之弊病。

因目前之分類編號很不合理，廠長要求物料管理部門盡速編制一套合理的方法，以便建立電腦之物料文件，但物料管理部門認為建立一套合理之物料分類編號方法需要時間太久，以目前之人力無法在兩個月完成此工作，而負責電腦作業之管理員認為暫時先以目前之分類編號建立物料檔，待合理之分類編號辦法完成後再修正物料檔。經各部門開會協調結果，擬採用下列方法：

⑴為便於將物料上電腦，暫時以下列方法分類編號：

①物料的分類與編號方式如下：

表 2-9 物料的分類與編號方式分類

大分類	次分類	序號
×××	×××	×××

②外購原料原大、次分類納入前 4 位數字，序號重編為 4 位數，而其他之廠商編號與件號去掉，僅在編號手冊與電腦文件內列出此項數據。

⑵待一切大致上軌道後，再全盤修改物料之分類編號，其方法如下：

①由各工廠的工程人員(修護人員)將機器(設備)的維護零件(材料)依機器類別，依次列述其名稱與詳細規格。

②物料分類編號之層次

第一層分類：依用途將物料分為：

・主要原料。

・副料。

・半成品。

・成品。

・機器(設備)維護零件(材料)。

・辦公用品。

・其他。

其編號依次為，01、02、03、04、05、06、07。

第二層分類：依使用或產生地方分類

按：01、02、O3⋯⋯⋯⋯編號詳見下表：

表 2-10　依使用或產生地方分類

類別	射一場	射二場	擠壓場	碎料回生場	編一廠	編二廠	修護場	共同用料
編號	07	06	05	04	03	02	01	00

　　凡屬於兩個單位以上其用之物料均化歸於共同用料。

　　第三層分類：依機器類別或產品(半成品)名稱。

表 2-11　依機器類別或產品(半成品)名稱分類

類　　別	機器甲專用物料	機器乙專用物料	機器丙專用物料	機器丁專用物料	……	共同用料
編　　號	01	02	03	04	……	00

　　第四層分類：依零件名稱規格或產品(半成品)之規格，以四位阿拉伯字母來編號。

心得欄

第 **3** 章

物料管理的需求計劃管理 MRP

一、物料管理就是配合生產計劃

1. 物料控制的核心就是生產計劃

實施物料控制的目的是為了公司更好地生產和流通產品，以達到持續滿足顧客需求的目的。訂單（或銷售計劃）是生產計劃的源頭和核心，生產計劃又是生產運作的核心，那麼，物料流通中為了能更進一步地滿足顧客需求，我們就需要把物料控制的核心對準生產計劃。

不論何種形式的生產計劃，其主要包含內容不外乎是生產產品的品名、規格、生產數量和日期等，而這些內容恰恰是決定物料控制項目的主要因素。物料控制通過有針對性的選擇實施項目，充分滿足生產實際，當達到完成生產計劃時，它的使命也就完成了。這些項目的作用有：

· 生產計劃中產品的品名決定了物料控制的種類；

· 生產計劃中產品的規格決定了物料控制的物料規格；

‧ 生產計劃中的數量決定了物料控制的物料數量；

‧ 生產計劃中的生產日期決定了物料控制的物料納期。

物料控制項目與生產計劃相對應的關係圖：

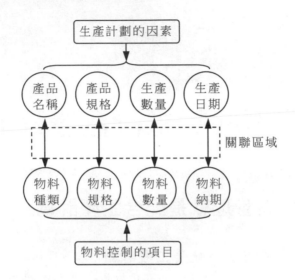

2.首先要配合生產計劃

生產計劃是生產管理辦公室發給各使用部門的授權文件。雖然生產計劃種類繁多，但對使用它們的各職能部門來說真正具有重要作用的並不多。例如，就物料管理部而言，物料控制課最重要的是月生產計劃，而物管課最重要的是週生產計劃。因此，對生產計劃要有針對性地應用。

(1)月生產計劃的主要作用是用來當作實施物料控制的依據，具體包括：

‧ 擬訂物料的訂購日期；

‧ 規劃物料的存貯場地；

‧ 規定供方的交貨期；

· 跟催物料的依據；

· 追蹤物料的憑證。

(2)週生產計劃的主要作用是物料管理部用來收發物料，具體包括：

· 計劃建立配料單；

· 實施配料；

· 按計劃準時發出物料；

· 實施返納管理；

· 按計劃接收和存放產品；

· 日常盤點時可以參考。

(3)年度生產計劃的主要作用是實施物料管理部的規劃，具體內容包括：

· 物料管理部場地、建築規劃；

· 物料管理部倉庫、設備規劃；

· 人力資源的配置；

· 物料管理部整體策劃。

(4)日生產計劃對物料管理部的作用很小，但還是有參考作用。例如：

· 滿足特別需要物料的管理，例如，收發緊急物料；

· 返納不良品時參考。

(5)臨時生產計劃一般數量比較小，對物料管理部的作用也最小，但仍有一定的參考價值。例如：

· 物料的發放過程中可以作為依據；

· 物料的追溯過程中可以參考。

3. 接收生產計劃的方式

生產計劃是來自生產管理辦公室並關係到公司運作的有效文

件，發給物料管理部的方式一般有兩種：網路傳遞；書面文件分發傳遞。

另外，當日生產計劃、臨時生產計劃和有關計劃的臨時變更等對物料供應的影響作用不大時，也可以採用口頭通知的方式。口頭通知的內容僅作為參考，不做記錄和追溯(領料的追溯性除外)。

物料管理部接收各種生產計劃方式的詳細情況參見下表：

表 3-1　物料管理部接收生產計劃的不同方式比較表

序號	接收方式	適用類別	適宜人員	使用特點	備　註
1	網路接收	年度計劃	管理者	方便快捷	
		月計劃			
		週計劃			
2	書面傳遞	年度計劃	擔　當	可以標識 方便查閱 隨處使用	
		月計劃			
		週計劃			
		日計劃			
		臨時計劃			
3	口頭通知	日計劃	擔　當	不能追溯	
		臨時計劃			
		變更計劃			

所謂計劃，就是要提前於實施日期一定的時間而做好的，這個提前時間的量就是決定是否「及時」接收的主要因素。這是因為「及時」具有如下的作用：

⑴及時可以保證物料準備過程具有足夠的時間，也就是以滿足採購部門使用的物料為提前，而不及時可能會導致產生緊急物料或

延遲供貨；

⑵及時可以保證物料按正常流程實施管理，而不及時會導致倉管人員工作倉促，甚至產生混亂和錯誤；

⑶及時有可能更多地發現物料本身的缺點，而不會把物料隱患帶到下道工序，如果不及時時這種機會就減少了。

及時接收生產計劃是物料管理部做好工作的基礎保證，及時接收的方法一般是按規定的計劃提前時間接收，如果逾期未收到時，要向生管辦追問、確認和跟催。具體的方法和步驟參見下圖。

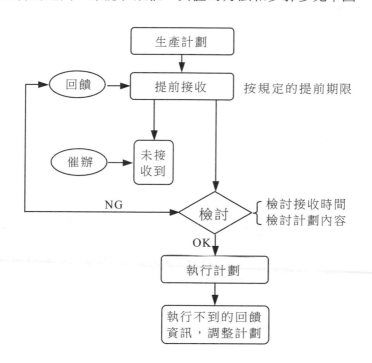

二、瞭解物料需求計劃(MRP)

在製造業中，通常需要將零件經過多道工序的加工和組裝才能形成最終產品，因此工廠物料管理和工序管理過程非常複雜。在一個大型企業中，可以有數十萬的零件以及數十道的工序。將這些零件一件不差、準時地送到相應的工序，是一件超越人們手工極限的艱巨工作。

物料需求計劃(Materials Requirement Planning，MRP)正是面對這種複雜的生產過程，借助於電腦系統對從原材料開始直到最終產品的物料流動進行管理的機制。

物料需求計劃(MRP)是利用生產日程總表、零件結構表、庫存報表、已訂購未交貨訂購單等各種相關資料，經正確計算而得出各種物料零件的變數需求，以此提出各種新訂購計劃或修正各種已開出訂購的物料管理的方法。瞭解 MRP 對於正確實施 MRP 管理有很重要的作用。

物料需求計劃(Materials Requirement Planning，縮寫為MRP)，是借助電腦對從原材料到產成品的物流作適時、適量的管理的方法，從而在生產管理上，對物料不足、呆滯料、庫存高等問題加以系統地解決。其實施的基本程序如下：

⑴確定物料總需求量。

⑵確定庫存量、預備品存量、扣除訂單量後的淨需要量。

⑶在在庫量、安全庫存量、不良率因素確定的基礎上，確定實際需求量。

對以上這些決定分批次同時進行計算，確定何時、何物、需要量，在最適當的時機進行最適量生產及採購的計劃。也就是說，形

成對內的生產指令以及對外的外協或採購要求。

　　廣義的 MRP 又稱為「MRP II」即「製造資源計劃」。它的內容除「物料需求計劃」外，還包括「產能需求計劃」（Capacity Requirement Planning，縮寫為 CRP）、現場控制（Shop Floor Control，縮寫為 SFC）、需求管理（Demand Management，縮寫為 DM）等功能。

三、零件構成表

　　材料零件需要明細表。是以字母表示零件元件，數字表示零件，括弧中數字表示裝配陣列成的表格，它的具體方法是對全部物料項目進行分層編碼，編碼數字越小表明層次越高。

圖 3-1　產品 M 結構

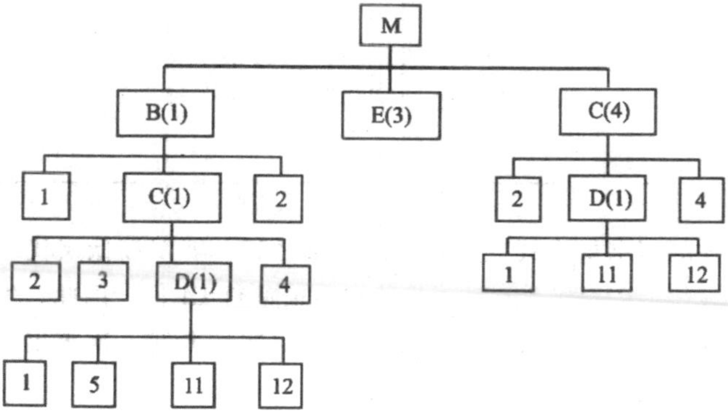

　　從圖中可以看出，最高層次 0 層的 M 是企業的最終產品，它由部件 B（每組裝 1 件 M 需 1 件 B）、部件 C（每組裝 1 件 M 需 4 件 C）及部件 E（每件 M 需 3 件 E）組成。而每一個第一層次的 B 件又是由部件 C（1 件）、零件 1（1 件）、零件 2（1 件）及零件 3（1 件）組成，依次類

推。

　　當產品資訊輸入電腦後，電腦根據輸入的產品結構文件資訊，自動賦予各部件、零件一個低層代碼，低層代碼的引入，是為了簡化 MRP 的計算。在產品結構展開時，是按層次碼逐級展開，相同零件處於不同層次就會重覆展開，增加計算工作量。因此，當一個零件有一個以上層次代碼時，應以它的最低層代碼（其層次代碼數字中較大者）為層次代碼。當一個零件或部件在多種產品結構的不同層次中出現，或在一個產品的多個層次上出現時，該零件就具有不同的層次碼。

表 3-2　產品 M 的各零件代碼

件號	低層代碼
M	0
B	1
E	1
C	2
D	3
1	4
2	3
4	3
11	4
12	4

　　為了滿足設計和生產情況不斷變化的需要，靈活適應市場對產品需求的多品種、小批量增加的趨勢，產品結構文件必須設計得十分靈活。

　　通過盤點，正確掌握材料、零件庫存資料，包括各種材料、零

件實際庫存量、安全儲備量等資料。

　　庫存資料是影響 MRP 計算準確性的關鍵，如果庫存資料發生錯誤，必將影響 MRP 計算的準確性。因此必須經濟進行實際盤點來解決，以保證庫存數據正確性。

　　BOM 是物料管理部建立配料單、控制並發出物料的依據，對於物料管理部的重要性是不言而喻的。具體表現在如下的幾方面：

　　(1)屬於受控管理的資料，要確保能使用到最新狀態的 BOM；

　　(2)擔當人員建立配料單時它是一種依據；

　　(3)它是控制物料數量的依據之一；

　　(4)確認接收物料規格的依據；

　　(5)控制存量時的參考和依據；

　　(6)實施物料分類管理和控制的依據；

　　(7)核對帳本和核銷的依據；

　　(8)物料擔當人員確認庫存與流通的依據。

　　對於 MRP 系統來說，BOM 的準確性至關重要。BOM 的錯誤會導致整個系統的全盤出錯，一般來說，BOM 的不準確主要有以下兩種原因：

　　(1)不完整的物料檔案：檔案中遺漏了某些產品的正式物料表。

　　(2)對於工程的變更，缺乏控制：通常缺少正式的變更流程，或溝通協調系統不良。

四、MRP 所需資料

建立 MRP 管理系統需要基本的生產計劃、零件構成表(BOM 清單)、物料邏輯檔和庫存量等資料。

1. 生產日程計劃表

生產日程計劃表(Mater Production Schedule)，一般是根據客戶合約、生產能力、物料狀況和市場預測等來排定的。它通常是以週為單位，把經營計劃或生產大綱中的產品系列具體化，使之成為實施材料需求計劃的主要依據，起到從綜合計劃向具體計劃過渡的承上啟下的作用。

2. 物料邏輯文件

物料邏輯文件是儲存一切有關成品、半成品與材料的各種必要資料，如物料名稱、ABC 材料分類表、產品結構階層表、採購前置時間、材料基準存量表等。

3. 零件構成表

零件構成表(BOM 清單)表示最終產品零件的構成內容明細及需要數量的資料，它將產品、組合品、零件、原料等物品都體現在上面，能夠讓人瞭解以產品為首的各零件的構成，並以此計算出產品所需的組合品、零件及材料。

4. 庫存量

庫存信息是保存企業所有產品、零件、在製品、原材料等存在狀態的數據庫。在 MRP 系統中，將產品、零件、在製品、原材料甚至工裝工具等統稱為「材料」或「項目」。

⑴現有庫存量：是指在企業倉庫中實際存放的材料的可用庫存數量。

⑵計劃收到量（在途量）：是指根據正在執行中的採購訂單或生產訂單，在未來某個時段材料將要入庫或將要完成的數量。

⑶已分配量：是指尚保存在倉庫中但已被分配掉的材料數量。

⑷提前期：是指執行某項任務由開始到完成所消耗的時間。

⑸訂購（生產）批量：在某個時段內向供應商訂購或要求生產部門生產某種材料的數量。

⑹安全庫存量：為了預防需求或供應方面的不可預測的波動，在倉庫中經常應保持最低庫存數量作為安全庫存量。

⑺根據以上的各個數值，可以計算出某項材料的淨需求量。

淨需求量＝毛需求量＋已分配量－計劃收到量－現有庫存量

材料、半成品的庫存信息是 MRP 運作的基礎資料。從現有量與材料淨需求量，可進一步計算是否發出新訂購單、生產命令單、外協加工單，或已發的訂購單、生產命令單、外協加工單是否必須進一步超前或延後。因此，MRP 的運作可得知材料淨需求、現有庫存量、供應商的交期與數量以及自製零件、半成品的完成時間與數量，以合乎生產計劃表的要求。

五、MRP 的構建流程與實施步驟

MRP 的實施有一個循序漸進的步驟，必須依照從管理處理數據到整合職能再到自動計劃的順序進行。

1. MRP 的構建流程

MRP 的構建流程如下圖所示：

圖 3-2 MRP 構建流程

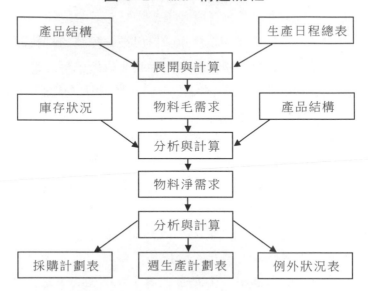

2. MRP 的實施步驟

企業分三個階段來建立 MRP 系統，從而循序漸進地分段實施 MRP 管理技術。

(1)數據管理階段

工廠內的許多活動，如接單、出貨、採購或生產加工驗收等都可以用產品或物料的品種、數量、金額等單位來描述與表達，即可用數據來表達。

這類可用數據表達的活動又稱為「交易」，每一次活動均可視為一項「交易」。而所謂數據管理，便是對各種交易的記錄、整理、分析、應用、保存等工作所進行的管理。

該階段的目標是借助電腦來做好各項交易的處理工作，讓庫存的資料準確、完整、及時。生產、供應、銷售等職能業務的交易資料也要逐步納入電腦系統管理。

(2)職能整合階段

本階段的主要目標是在各項基本職能的交易數據納入電腦管理後，整合不同職能，以消除不必要的或重覆的作業，強化全局的管理控制，並降低交易處理所需要的人力。

在本階段，對軟體的配合上，第一階段不限制的某些功能(如無採購單的驗收、無製造命令的領料等)應隨著電腦應用化範圍的擴充(電腦化系統延伸)，管理體質的強化(作業程序標準化)，而逐步規範嚴格。

本階段的工作重點已經由資料面轉移到管理面，借助各項管理規範逐步嚴格地實施，使得不同職能間的工作更緊密地聯在一起，同時也提升了相關資料的準確性與及時性，為下一階段的工作做好準備。

(3)自動計劃階段

通過前階段的努力，利用電腦做好交易數據管理和職能整合工作後，資料的及時性、精確度高，職能上的涵蓋面廣，代表企業的資料已達到一定的標準，同時企業的管理制度也執行到一個相當的程度，這時就可開展第三階段的工作：用電腦來自動進行通盤性的計劃作業，其中最主要的計劃如下。

① MPS(大日程計劃，也稱為產銷排程)。

② MRP(物料需求計劃)。

自動計劃並不是說所有的計劃都由電腦完成，管理者只是利用MPS、MRP 的邏輯運算能力來協助做好通盤性的計劃工作，管理者本身的判斷與取捨，才是計劃成功不可或缺的要素。

圖 3-3 MRP 系統流程圖

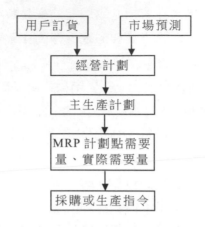

（4）MRP 的輸出

電腦 MRP 系統能夠對多種數據進行處理，並根據要求輸出各種格式的報告文件，以便對物料的訂購、庫存、生產安排進行有效的管理。輸出報告通常分為主要報告和輔助報告。

①主要報告

主要報告包含各種用於物料的訂購、生產和庫存管理的報告，如計劃定單、定單下達通知、取消或更改的定單、交貨期更改報告、庫存狀態報告等。

②計劃定單

也稱計劃訂貨，主要顯示未來數週內的訂貨計劃和計劃定單下達的信息，為將來的定單下達工作提供一個參考，實際上是反映 MRP 系統對將來的運作所做的預測，給出所有的物料在一定時期內的供應計劃。

③定單下達通知

即向定購或有關部門下達下一週期的物料需求定單。包括物料

需求列表以及各種物料的詳細規格、數量、材質等內容。

④定單修改通知

主要是對已經制訂的計劃定單的更改情況做一說明。包括定單的取消、追加，所定購物料數量、規格、種類的變化，以及一些訂貨的交貨期更改等。

⑤庫存狀態報告

不僅僅包括現有庫存的物料清單和庫存狀態，更主要的是對庫存進行動態的跟蹤。例如要追蹤零件加工情況以及物料到貨情況，提供未來數週內庫存的狀況數據，反映的是一種動態庫存信息。

六、備料管理

物料管理的最主要目的是供應生產所需，不論企業的 MRP 如何會規劃，庫存策略如何高明，只要供料不及時而使生產現場停工待料，而致損失工時影響生產力，都是未能盡責的表現。

當然，有些停工待料的原因，並不是倉儲管理人員的責任。例如緊急插單，根本就購料不及；或者排程提前，以致供應廠商來不及生產；當然也可能是採購主辦人員的疏忽，管理不良，以致到了進料期仍然未進料。

(一)備料管理的目標
1. 覆核排程所需用料，確定排程可行度

生產現場最怕亂，因此，必須事先有排程計劃去規範。排程又分為大排程與細部生產計劃。前者是 MRP 計劃展開的基準，而後者則是投產的依據。

投產計劃由於已經面臨真正「生產」的關口，人、機已經整裝

待命，更不可以亂，因此更需要保證細部生產計劃的可行度。人員、機台由現場主管安排，而材料則由生管或倉庫覆查，如果沒有缺料，則初步保證排程進度指令可以進行；如果有缺料項目，則或者排程再調整，或者急謀對策（包括緊急催料），以行動來補缺失。

2.製造命令發佈的附帶保證

一般工廠對各大制程下達作業指令，大多以「製造命令單」的形式（指批次生產而言），而這種製造命令大多在投產前數日（或一日）才正式發佈到現場，一旦發佈，就不會撤回，因為這是正式指令。如果製造命令經常發佈又撤回，則很容易使生產現場混亂。

為了使製造命令得以保證執行，工廠大多同時開出備料指令（或稱備料單，有時則以領料單替代，以簡化手續），指派該批物料的批次用途。

3.嚴密及時地控制用料成本

控制成本是維護利潤的最基本手段，也是非常重要的必要手段。一般而言，現場作業人員的成本意識大多不高，而且常常為了方便而多領一些料，以防制程不良時有所彌補，不必為了多些領料手續而損及工作效率。

發料是用料成本管制的最後把關機會，因此較具管理理念的加工裝配廠，都依用料標準去備料、去發料，不會遷就「方便」而變成「隨便」。如果現場因為各種原因而不得已需補領料，也寧可另定補領料的程序，藉以明確責任，區分原因，而求改善。

生產前的準備必須盡可能週全，使投產更為順利，藉以減少損失工時，提升整體生產力。材料最好在投產前事先依生產批或製造命令安排妥當，及早送交生產現場（包括送到生產線邊的備料區或者機台旁）；或在倉庫備料區內等待現場來領料時，能及時地供料。

(二)備料管理的系統架構

根據備料的各項目標，就可以設定如圖 3-4 的程序，作為備料管理的制度架構：

圖 3-4　備科管理架構圖

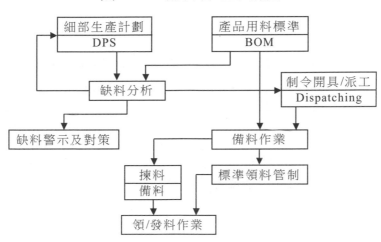

1. 備料作業

一般的作業程序是在生產進度預定表確立之後，就要由生管人員開具製造命令單，確定某生產批所屬的產品(或產品下屬展開的零件)的生產批量，必要時包括開始投產時間的指令，交代現場主管，掛在派工板上作派工的依據。

這時候，生管人員還要同時依用料標準(BOM)開立備料指令，要求倉儲人員事先揀料，依製造命令批確定用料項目與數量，備妥於備料區內，待現場人員來領用。

2. 標準領料管制

這項工作可以跟「備料作業」合併進行，也可以分別進行。但基本原則就是依據用料標準(BOM)去備料，去發料，而不是無限制地由現場來領料。

領料作業一定要有領料單作正式憑證。為了標準化的管理，而且達到成本控制的功能，一定要由生管部門作為主控單位，依生產批的製造命令去開立領料單（又稱為標準領料單，以別於此後因制程問題或其他問題而產生的超損耗等性質的補領料單）。一旦開立標準領料單，立即改變了製造命令的管制狀態。這種流程為不可逆向的嚴密程序。

這個標準領料單交給生產現場主管，由他們持單向倉庫領料。當然，如果工廠採取發料制，則是倉庫連同表單與料品，送交現場給現場人員簽收。

(三)備料指令與備料作業

備料工作是倉儲人員的職責，不管是發料制還是領料制，倉庫都要事先備妥各生產批現場需投產的用料，交給生產現場，以提升其生產力。

1.備料指令與備料作業的時機

最適宜的備料時機有：

(1)細部生產計劃確立時

缺料分析一旦完成，除了「有問題」需待再調整的生產批（製造命令）之外，應屬完全確定，並經過現場主管簽名，可立即交付派工了。這時候的細部生產計劃，已經是次週，或次半週（甚或次日）的生產命令了，堪稱為「箭在弦上，不能不發」。

派工製造命令一旦發佈，現場（技術人員）則開始整頓工具、夾治具、模具等生產器具，而倉庫人員則須備妥材料。

(2)依派工板的備料指令

較具規模的工廠，其派工作業更為系統化，常使用派工板方式進行各項「準備作業指令」。以下提供派工板格式供參考。

表 3-3　派工板格式

派工板						
作業＼中心	L1	L2	L3	L4	L5	L6
加工中						
已備妥						
待準備						

　　上表中，L1、L2 等「中心」是指工作中心，對生管部派工而言，可能是以機台為對象；對備料指令而言，應該是生產線或作業組。

　　「作業」狀態區分為「加工中」、「已備妥」及「待準備」三大項。所謂「加工中」是指萬事俱備、已在投產中；「已備妥」則指工具、夾治具、模具、材料均已備妥，可以隨時「上線」；至於「待準備」，當然是指示技術人員開始整頓生產器具、倉儲人員備妥「糧草」之意。

　　各項對應的格子內，則為懸掛製造命令之用，以製造命令（生產批次）作備料指令。在生管的細部作業派工時，可能懸掛的是「工作令」。

2. 備料作業

　　這是「實際」的作業，似乎沒有什麼技巧可言。在此僅提出幾

個要點,供備料作業者參考。

(1)揀料作業與現場的制程品質關係很深,因此也要具備品質意識,區分不良料,不可使之流入現場;即使不得已用到不良料或特採品,也要附上標籤等等的標示,提醒現場用料時注意;

(2)揀料後就是直接供應生產所需,因此一定要具備生管意識,依生產批及製造命令有系統地存放。必要時以批次倉儲放置,使發料時迅捷有效率,而且不會混亂,如果仍發生料項不足的情況,應立即呈報倉庫主管,使其有時間進行對策處理;

(3)要具備成本意識,以先進先出的觀念,先揀取早入庫的料品,及早運用,以免變質。

(四)倉庫發料過程

備料是由倉庫負責完成的,倉庫按銷售出貨計劃與倉庫實際庫存情況進行生產物料總量的備料;工廠再根據工廠各個小組的生產能力作小組生產計劃安排,並交與倉庫,倉庫然後將生產物料總量備料分解為工廠小組生產物料備料。一旦小組生成生產需求產生後,小組長去主管處領取生產任務單,倉庫按生產任務單將生產所需要物料交給工廠小組。

備料信息來源有三種:

(1)生產出貨排期計劃。如:你所在倉庫對應的工廠是裝配工廠,有一張需要在 25 日這一天出貨的訂單,裝配工廠完成此訂單任務需要一天時間。如果你是倉庫主管,必須在 23 日這一天做好該訂單的生產備料。

(2)生產命令。主要針對一些生產臨時插單或者緊急訂單,由於生產排期沒有這些信息,需要等企業的生產任務命令。

(3)工廠申請。例如:某項產品報廢太多,需要倉庫及時補發物

料。此時工廠會向倉庫提出備料申請。

　　備料的另一項重要的內容是確定備料時間。如果備料太早了，備料會佔用工廠的現場，導致工廠現場擁擠；如果備料晚了，則會造成流水線缺料，從而會出現生產中斷，導致影響生產效率。

　　如何確定備料時間呢？

　　如果按照傳統看生產排期的時間來確定備料時間，在實際操作中則是不可取的。因為生產排期僅可以指向某一天，卻無法確定工廠的生產能力。例如說某一天的日子利於進貨，則所有的客戶要求該廠在這一天出貨。作為倉庫主管的你，不可能把所有的訂單全部安排在出貨的前兩天備料，那麼工廠即使加班也完成不生產任務。

圖 3-5　倉庫備料與發料

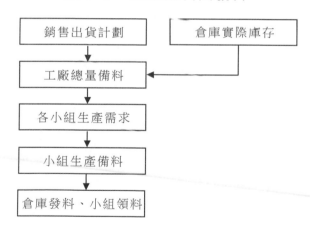

七、物料需求計劃的編制規定

1. 物料需求計劃的編訂

　　⑴營業部於每年度開始，提供公司生產銷量的每種產品的「銷售預測」，銷售預測須經營會議通過，並配合實際庫存量、生產需要

量、市場狀況，由生產單位編制每月的「生產計劃」。

(2)生產單位編制的「生產計劃」副本送至採購中心，據以編制「採購計劃」，經經營會議審核通過，將副本送交管理部財務單位編制每月的「資金預算」。

(3)營業部門變更「銷售計劃」或有臨時的銷售決策（例如緊急訂單），應與生產單位、採購中心協商，以排定生產日程，並據以修改採購計劃及採購預算。

2.採購預算的編訂

(1)材料預算分為：

①用料預算。

②購料預算。

前項用料預算再接用途分為：營業支出用料預算。資本支出用料預算。

(2)材料預算按編制期間分為：

①年度預算。

②分期預算。

(3)年度用料預算的編制程序如下：

①由用料部門依據營業預算及生產計劃編制「年度用料預算表」（特殊用料並應預估材料價格）經主管部長核定後，送企劃部材料管理彙編「年度用料總預算」轉公司財務部。

②材料預算經最後審定後，由總務部倉運股嚴格執行，如經核減，應由一級主管召集部長、組長、領班研究分配後核定，由企劃部分別通知各用料部門重新編列預算。

③用料部門用料超出核定預算時，由企劃部通知運輸部門。超出數在 10%以上時，應由用料部門提出書面理由呈轉一級主管核定後辦理。

④用料總預算超出 10%時，由企劃部通知儲運部說明超出原因呈請核示，並辦理追加手續。

(4)分期用料預算由用料部門編制，凡屬委託修繕工作，採購部按用料部門計劃分別代為編列「用料預算表」，經一級主管核定進行採購。

(5)資本支出用料預算，由一級主管根據工程計劃，通知企劃部按規定辦理。

(6)購料預算編制程序如下：

①年度購料預算由企劃部彙編並送呈審核。

②分期購料預算，由倉運股視庫存量、已購未到數量及財務狀況，編制「購料預算表」會企劃部送呈審核轉公司財務會議審議。

(7)經核定的分期購料預算，在當期未動用者，不得保留。其確有需要者，下期補列。

⑻資本支出預算，年度有一部份未動用或全部未動用者，其未動用部份則不能保留，視情況得在次一年度補列。

(9)未列預算的緊急用料，由用料部門領料後，補辦追加預算。

⑽用料預算除由用料部門嚴格執行外，並由企劃部加以配合控制。

八、MRP 的運算解說實例

用 MRP 計算物料需求可以提高運算效率與運算的準確性，但同時也有幾個注意點。否則，MRP 用得越好，離實際距離的差距越大。

物料需求計劃通常分為兩部份：先根據主生產計劃導出的物料的需求量與需求時間，然後根據物料的提前期來確定投產與訂貨時間。步驟為：

1. 步驟一：計算物料的毛需求量

根據主生產計劃算出一級物料的毛需求量；然後根據一級物料的 BOM 表算出二級物料的毛需求量；再根據二級物料的 BOM 表算出三級物料的毛需求量。後面的四級、五級依此類推，直到最低層級原材料毛坯或採購件為止。

所謂一級物料：指成品物料

二級物料：該成品下的分支

例如：電腦是一級物料；主機則是電腦的二級物料；電腦主機的外殼是電腦的三級物料；……

【計算】

某製傘廠新接到一批訂單（03 單），該批訂單的需求數量是 1000 把。其物料的 BOM 結構圖（圖 3-6）如下：

計算分析：

B03 單需要直骨手動傘 1000 把，MRP 是如何計算的呢？

因為直骨手動傘為一級物料，需要 1000 把，接下來計算二級物料。

二級物料是什麼呢？是傘面、傘骨、木耳、天布、傘尾、傘頭、珠尾，BOM 表顯示傘面 1、傘骨 1，木耳 $0.1m^2$、天布 $1m^2$、傘尾 1、傘頭 1、珠尾 8。

那麼不難知道：需要傘面 1000 個、傘骨 1000 根、木耳 $100m^2$、天布 $1000m^2$、傘尾 1000 個、傘頭 1000 個、珠尾 8000 個。

傘面是二級物料，但下面還有三級、四級。但是傘骨與其他的則沒有下級物料，因此傘骨與其他物料的運算到此為止，現在可以確定部份物料的毛需求量：傘骨 1000 根、木耳 $100m^2$、天布 $1000m^2$、傘尾 1000 個、傘頭 1000 個、珠尾 8000 個。

圖 3-6　某直骨手動傘 BOM 結構

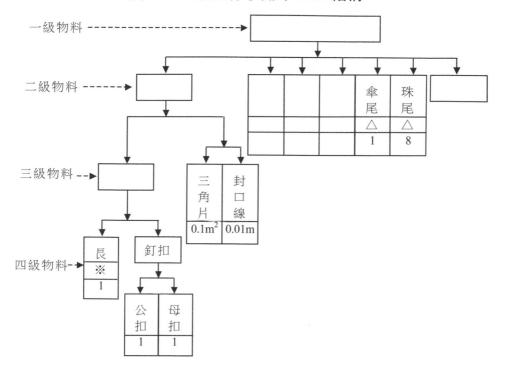

一級物料

二級物料

三級物料

四級物料

接下來核算三級物料了，傘帶還有下級物料，還要繼續運算。
而三角片與封口線沒有下級物料，所以再次可以確定三角片與封口
線的毛需求量為：三角片 100m²、封口線 10m。

接下來核算四級物料，由於傘帶的 BOM 表顯示為 1 個，所以確
定長帶、公扣、母扣的原理與上面一樣，即：長帶 1000 個、公扣 1000
個、母扣 1000 個。

現在可以確定川 B05 單需要的生產物料淨需求是：

傘骨 1000 根、木耳 100m²、天布 1000m²、傘尾 1000 個、傘頭
1000 個、珠尾 8000 個。

三角片 100m²、封口線 10m、長帶 1000 個、公扣 1000 個、母扣

1000 個。

2.步驟二：淨需求量計算

即根據毛需求量、可用庫存量、已分配量等計算出每種物料的淨需求量，即：

$$淨需求量＝毛需求量＋已分配量－可用庫存量－在途量$$

【計算】

僅以傘骨為例。如果倉庫現庫存為 300 根，已經給供應商下單了傘骨 100 根、由於 B02 也需要同類產品的傘骨 400 根，已經為 B05 單備貨 400 根。

那麼：

$$淨需求量＝毛需求量＋已分配量－可用庫存量－在途量$$
$$＝1000 根＋400 根－300 根－100 根＝1000 根$$

3.步驟三：批量計算

相關計劃人員對物料生產作出批量策略決定。不管採用何種批量規則或不採用批量規則，計算淨需求量後都應該表明有否批量要求。

批量生產的含義：企業生產幾種產品，但不是同時生產這幾種產品，而是一次一種分批次批量生產的一種企業生產組織方式。批量是指企業在一定時期內，一次出產的、在品質、結構和製造方法上完全相同產品(或零件)的數量。具有多品種加工能力，成批輪番加工製造產品的生產類型，其批量大小不一。一般同時採用專用設備及通用設備進行生產，按每種產品每次投入生產的數量，分為大批量生產、中批量生產和小批量生產三種。

【計算】

B03 單需要的直骨手動傘數量是 1000 把，同時 B03 單又加單直骨自動傘架 1000 把。應如何生產呢？是按批量生產的方式先生產

1000 把直骨手動傘,然後再第二批次生產 1000 把直骨自動傘呢?

該企業的做法是:拒絕批量生產,兩種產品同時進行。因為該製傘廠直骨手動傘一次性(以 6 小時為期限)投產量可達 6000 把。為了控制生產進度,該企業決定兩種傘生產同時進行。

4.步驟四:安全庫存量、廢品率和損耗率等的計算

物料計劃人員需要用廢品率和損耗率來確定淨需求量,同時確保安全庫存。

【計算】

例如 B05 單需要的直骨手動傘數量是 1000 把,其中傘骨是自製件,淨需求是 1000 根。但根據品質部門的統計,傘骨的廢品率和損耗率均是 10%。那麼,該企業要在第一工序投產多少傘骨呢?

$$生產傘骨＝1000(1+10\%+10\%)=1200(根)$$

該製傘廠的傘骨安全庫存為 1000 根,但目標倉庫庫存為 500根。所以,生產部下單的時候需要考慮安全庫存還差 500 根。

這 500 根是淨需求量,要考慮到廢品率和損耗率的原因。如確定要保證安全庫存,生產部還必須投產 600 根。到此,生產部門的計劃單上應該表明:傘骨生產計劃量是 1800 根。

5.步驟五:下達計劃訂單

通過 MRP 計算後,已經知道了需要的物料數量。但物料需求計劃所生成的計劃訂單,要通過能力資源平衡確認後,才能開始正式下達計劃訂單。

【計算】

MRP 計算過後的傘骨需求量是 1800 根,一次性到底能生產多少呢?這要考慮設備與人員的負荷問題:

如企業有 5 台設備,每小時每台設備可生產 200 根,傘骨的專用磨具也有 5 副,人員充足。經過分析,第一批次投產 1000 根,第

二批次投產 800 根，僅需要一班即可完成，確認能力資源平衡。

6.步驟六：再一次計算

物料需求計劃的再次生成大致有兩種方式：第一種方式會對庫存信息重新計算，同時覆蓋原來計算的數據，生成的是全新的物料需求計劃；第二種方式則只是在制訂、生成物料需求計劃的條件發生變化時，才相應地更新物料需求計劃有關部份的記錄。這兩種生成方式都有實際應用的案例，至於選擇那一種要看企業實際的條件和狀況。

【計算】

以上例子為例，企業選擇第二種方案。

B03 單下單 1000 把直骨手動傘，接著 C03 單也下單 1000 把直骨手動傘。目前已經計算好的傘骨需求量是 1800 根。

根據損耗率、報費率，1000 把直骨手動傘需要 1200 根傘骨。所以企業要修改生產計劃：傘骨的生產量為 5000 根。

總之，物料需求計劃模塊是企業生產管理的核心部份，該模塊制定的準確與否將直接關係到企業生產計劃是否切實可行。

案例 椅藝公司的物料需求規劃

椅藝公司的生產部門位於一個選定的小社區內。為了迎合顧客的需要，椅子的生產量因季節而異。每份顧客訂單有一個指定的送貨日。

當公司收到訂單後，就按顧客指定的日子安排當月的生產量。那些要求在指定月份送貨的訂單，大抵會在前一個月的 15 日之前收到(椅藝公司很少在三個星期內處理完訂單)。當一個月

的訂貨量達到生產極限時(這由當月的生產計劃進度決定)，就需要決定是停止接收訂單(booking)，還是提高生產量。

　　公司每週都有一份經過修訂的為期三個月的報告，記載顧客訂單情況、現存訂單情況和計劃生產能力。

　　椅藝公司運貨方式包括鐵路貨車和公路卡車。為了便於安排貨運，每月的生產安排根據運輸計劃，被細分為每週的生產安排(運輸計劃是用來說明那個單位在那一週將那一批貨品運走的計劃)。

表 3-4　彈簧墊椅的運輸計劃

週	1	2	3	4	5	6	7	8	9	10	11	12	13
豪華型		350	250	400	150	350	300	400	140	350	300	350	150
超級型		150	150	150	75	150	160	100	100	160	150	120	75

　　椅藝公司的生產控制部有經理和三個職員。他們根據運輸計劃和標準部件結構清單(BOM)，決定需要那些零件組裝訂單要求的椅子。根據每週的要求，針對每一種零件以它的標準批量(Standard Order Quantity，SOQ)或 SOQ 的倍數發出物料需求指令。

　　根據調查，椅藝公司認識到框架零件的生產控制體系需要做一番修改，具體有三個地方值得立刻關注：零件生產指令、機器負荷和生產率確定。

　　令椅藝公司煩惱的是：某些零件庫存積壓，另一些零件卻供不應求。每天總有工人報告 1～3 種零件無貨。當這種情況發生時，生產控制記錄卻顯示幾百種零件已生產完畢，應該有存貨。這是由於組裝工人在某種零件短缺時情急之下使用非標準零件來替代。因為有時用一種零件代替另一種會加快組裝速度。組裝工人為賺得更多計件薪資，經常使用非標準件，而這些零件的使用

情況並沒有記錄。並且，送貨工人按規定應該報告這部份額外的變動，而且不應送非標準件給組裝工人。如果框架車間短缺了某種零件，那麼公司逾期交貨和有額外運費發生的可能性就會大大增加。

公司請諮詢公司為其進行生產控制系統電腦化的可行性研究，以尋找有效的改進措施。

表 3-5　豪華型彈簧墊椅的部件結構清單

編號	等級	項目敍述	父母代	單位需求	前置時間（週）
001	0	成品 DELUXE	001		1
004	1	框架 FRM-DLX	001	1	2
005	1	裝潢物 UPHLSTRY	001	1	1
006	1	椅罩 CVR-DLX	001	1	1
017	1	五金組件 HRDWRE	004	12	2
007	2	配件 FRM-A1	004	4	1
008	2	配件 FRM-B1	004	2	1
009	2	配件 FRM-C1	004	1	1
010	2	配件 FRM-D1	004	1	1
011	2	配件 FRM-E1	004	4	1
012	2	配件 FRM-F2	005	4	1
013	2	配件 FRM-G2	005	1	1
014	2	配件 FRM-H2	005	1	1

在椅藝公司的所有產品中，彈簧墊椅系列帶來的利潤最高，且產品結構比較簡單，所以被選為研究的試點。分析可知，如果存在缺貨或銷售部門的服務不到位，將會嚴重地影響公司的贏利。表 3-5～表 3-7 是生產控制部提供的有關彈簧墊椅系列的資料。兩種彈簧墊椅均由三個主要部件組成：框架、裝潢物和椅罩。

每個主要部件是由幾個小零件組合而成的。表 3-5、表 3-6 展示了成品的部件結構清單，表 3-7 展示了各種材料的存貨狀態和批量準則。

表 3-6 超級型彈簧墊椅的部件結構清單

編號	等級	項目敍述	父母代	單位需求	前置時間（週）
002	0	成品 SUPER			1
003	1	框架 FRM-SPR	002	1	2
005	1	裝潢物 UPHLSTRY	002	1	1
015	1	振動器組件 VBRTR	002	1	2
016	1	椅罩 CVR-SPR	002	1	1
017	1	五金組件 HRDWRE	002	12	2
007	2	配件 FRM-A1	003	4	1
009	2	配件 FRM-C1	003	1	1
011	2	配件 FRM-E1	003	4	1
018	2	配件 FRM-J1	003	2	1
019	2	配件 FRM-K1	003	2	1
012	2	配件 UPH-F2	005	4	1
013	2	配件 UPH-G2	005	1	1
014	2	配件 UPH-H2	005	1	1
020	2	配件 VBR-02	015	1	1
021	2	配件 VBR-P2	015	1	1
022	2	配件 VBR-Q2	015	1	1

表 3-7　各種材料的存貨狀態和批量準則

材料	等級	SQQ	現有存貨	前期拖欠	計劃收貨	收貨時間
DELUXE	1	LFL	0	0	350	第 1 週
SUPER	2	LFL	0	0	550	第 1 週
FRM-SPR	3	LFL	0	0	0	
FRM-DLX	4	LFL	400	0	400	第 1 週
UPHLSTRY	5	500	500	0	0	
CVR-DLX	6	500	350	0	0	
FRM-A1	7	LFL	2000	0	0	
FRM-B1	8	LFL	700	0	0	
FRM-C1	9	LFL	400	0	0	
FRM-D1	10	LFL	600	0	0	
FRM-E1	11	LFL	1800	0	0	
UPH-F2	12	500	1800	0	0	
UPH-G2	13	500	450	0	0	
UPH-H2	14	500	450	0	0	
VBRTR	15	LFL	0	0	150	第 4 週
CVR〜SPR	16	500	0	0	0	
HRDWRE	17	2500	4000	0	4000	第 2 週
FRM-J1	18	LFL	250	0	0	
FRM-K1	19	LFL	250	0	0	
VBR-02	20	250	150	0		
VBR-P2	21	250	250	0		
VBR-Q2	22	500	1000	0		

第 **4** 章

物料管理的賬務管制

一、做好物料賬務管理的必要性

料賬管理，是平凡不起眼的煩瑣工作，大家都不重視，因而經常沒做好；有些公司希望運用電腦化的庫存管理系統來達到一勞永逸，事實上卻未能如願。料賬管理非常必要，其原因有：

1. 料賬是採購作業的關鍵依據

如果倉庫裏還有很多庫存，採購人員是絕對不會再多買的。因此，一般工廠在採購之前，一定會查詢倉庫存量。即使運用 MRP 系統的「淨需求分析」方式，除「現有庫存量」之外，仍要覆查「已訂未交量」與「制令應領量」。

一般來說，查詢庫存量，是指查看電腦(或倉庫人工)所提供的「庫存量狀況表」，或向料賬管理員口頭查詢。當然料賬人員是依據賬面提供信息的，很少有人直接到倉庫儲位上去查看。

2. 料賬是生產備料作業的關鍵因素

我們可以這樣來想一想，如果生產部做好了「生產排程」，開立

「製造命令單」，要生產現場第二天就投入生產，而生產現場來倉庫領料時，卻發現所需要的物料，有一半「完全缺料」，那生產能進行嗎？如果各種物料並不完全缺料，只是若干品種的現有存量比生產批量所需少，那麼，即使勉強投入生產，也只能是「斷斷續續」，那來生產力？

當然，生產部在排進度表時一定會查核該生產所有用料的存量狀況，或在開立「製造命令單」時會查核存料投產的可能性。但是，他們所能查詢的，也只不過是料賬的賬面存量，不會親自到倉庫裏來查看。

3. 料賬是財務與成本信息的基本來源

倉庫的物料，在會計學上列為「資產」，是要明確記在「資產負債表」上的。物料也是成本的關鍵項目，必須明確記錄在「損益表」上，而損益表又密切關係著盈餘分配，在有些公司甚至關係到生產獎金、年終獎金。

在會計學上，庫存是採取「永續盤存」觀念的，必須使前後期「盤存」與合理的「進出料」異動能互相對應。公司產品銷售價的決定，也需以庫存物料的單價變動作決策依據。以上這些信息，都是從基本的料賬系統轉換而來的。

二、物料管理就是要做一本清賬

物料管理部的管理基本工作之一就是要做一本清賬，而不是一筆糊塗賬。這既是職責，也是物料管理部經理不容推卸的責任。要知道，管物料其實就是在管錢啊！那一樣物料不是用錢買來的。但當把錢放在銀行裏時可以增值，而放在倉庫裏的物料卻需要花費價值，如管理費、倉庫費、資金利息等。所以，管物料的人更需要費

點心思。

圖 4-1　清賬的基本要求條件

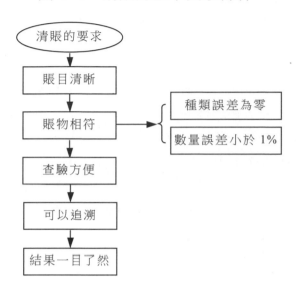

清賬的清就是清楚、明晰的意思，一定不能做假賬，非特殊情況，不可以推測和估量。所謂清賬其實也是管理效果的象徵，是衡量物料管理部工作水準的一個標準。對清賬的要求會因不同的物料性質而有所差異，但基本要求是大同小異的。

三、料賬的基本架構

料賬的基本架構，其實很簡單。它主要包括了三個部份，其一是「管制核心」，就是「庫存管理卡」，或者「庫存管理簿」；其二是「異動登錄」，也就是入庫、出庫作業，使物料存量增或減的記賬作業，當然包括了庫存調整；其三是「庫存資訊提供」，包括「庫存量查詢」在內，提供一切有關管理需求的賬面報表，當然也包括電腦

輸出報表在內。

物料卡的管理作用，起著賬目與物料的橋樑作用，方便物料信息的回饋，料上有賬、賬上有料，非常直觀、一目了然。方便物料的收發工作。方便賬目的查詢工作，方便平時週、月、季、年的盤點工作。

物料建賬應做到賬物一致、卡證對應，倉庫管理中通常所稱的「賬、物、卡、證」指的是：

(1)賬：倉庫物料檔案。

(2)物：倉庫儲存物料。

(3)卡：明確標示於物料所在位置而便於存取的牌卡。

(4)證：出入庫的原始憑據、品質合格記錄等。

1. 賬目卡的管理要點

賬目是物料管理的基礎，它記錄著倉儲物料的靜態狀況和動態過程。如果倉庫缺少了賬目或賬目出現錯誤與不完整，將對決策造成不良影響，將使物料管理工作無法正常進行。因此，為了做好賬目管理，企業必須注意以下幾點：

(1)指定專人負責記賬。

(2)實行記賬人與發料人分設，管物的不記賬、管賬的不管物，以堵塞漏洞。

(3)實行定期檢查的制度，對賬物進行核對，出現問題及時糾正並處理。

(4)落實賬目管理責任制，對於出現的問題要追究責任。

(5)建立倉儲日報制度，每日上報倉儲情況。

(6)建立監督機制，使用權力牽制。

(7)完善表單硬體，以方便工作的開展。

(8)完善倉庫的其他相關配套管理，理順賬目管理的外部環境。

(9)完善盤點制度。

許多人認為，品質控制的難點在工廠現場。因而每一個生產性企業多將大量的品質控制力量投入到工廠現場，但品質問題卻還是未能消除。這是因為許多人都忘記了一個品質盲區，即在庫品的品質變異。

2. 庫存管理卡與庫存管理簿

為了強化料賬管制功能，一般工廠基本上從兩方面採取措施。

(1)在儲位料架上懸掛「庫存管理卡」，一物一卡。

(2)在倉庫料賬管理員辦公桌上設置「庫存管理簿」，每頁(用量多，尤其是通用品時，多頁連接)一個物料，依編號順序(有時一個類別一本賬)，聯結活頁成一本(或同一類)管制賬簿。

3. 異動登錄

物料庫存是為了供生產所需，因此，一定會有出庫的異動，而物料也必然有「來處」，因此一定是某些入庫異動來的。凡是入庫或者出庫，一定造成庫存量的變動，這些異動，一定要記賬處理。

有些出庫並沒有具體的使用目的，而是管理過程中的「附生結果」，例如報廢、退貨給供料廠商等。不過，因為它也影響存量，一定要記賬。同樣，有些入庫異動的來源，例如現場把已發料的不良物料退回倉庫，也要入賬。

4. 庫存資訊報表提供

如前所述，很多部門的管理工作，要依據庫存料賬的信息作判斷，或者再處理變成另一個更高級的管理信息；這些信息，都不會是其他部門的人親自到倉庫現場來看「庫存管理卡」，而是由倉庫料賬人員，透過一定的程序和方法，運用手工或電腦作業，編成報表提供的。當然，引入電腦管理的企業，其他部門人員可以透過電腦程序，自己直接取用電腦中的庫存資料。

四、料賬的憑據——入出庫傳票

不管是要「記賬」入「庫存管理卡」或「庫存管理簿」，或者是入「電腦檔案」，都必須有其記賬依據，也就是憑單，換句話說，就是作為基本憑證的傳票表單。料賬是必須經得起稽核的，而稽核的依據，就是經過「授權幅度規定」核准的入出庫表單傳票。

料賬的入出庫大致分成四大類，即入庫、出庫、庫存調整以及調撥四類，其「指令」來源各有所依。

(1)入庫

物料入庫，則庫存量增加，入庫需做記賬(過賬)的加項。

①購入驗收。

開立「訂購單」向供料廠商議定購入，經供料廠商送料入廠，由企業開立「驗收單」並經品管檢驗合格入庫。其對應的憑單為「驗收單」或稱「購入驗收單」。

②外協加工驗收。

外協加工驗收是指企業送料外協加工。一般由我方開立「定制單」或「外協加工單」並由企業算好應使用的材料一併供給外協加工廠(也可能是家庭代工)，待外協加工廠完工送貨入廠(也可能由我方人員去運回)，經品管檢驗合格而入庫的。其對應的憑單為「外協加工驗收單」，由於計價(工繳)方式不一樣，通常不與「購入驗收單」混用，在電腦化整合系統中，更應明確分開使用。

③生產繳庫。

廠內制程部門，經生產部開具「製造命令單」而向倉庫領料(或倉庫送料)投入生產，完工而成半成品(或成品)，開立「繳庫單」繳入倉庫的，必要時，應經由品管檢驗合格。其入賬的依據為「繳庫

單」，一般應與「製造命令單」生產批對應。

④生產餘料退庫。

由於生產中斷，不宜將餘料存放在現場，一般都要求以「物料退庫單」為憑證，退存倉庫。當然，有時候是領料量使用後尚有剩餘，或者領料中混有不良品或不適宜物料，應退予倉庫。其記賬憑證為「退庫單」，如與生產批有關，應記入生產批號，使成本分析更為準確。

⑤其他入庫。

其他入庫包括向外廠借料入庫(待日後補充歸還)等，不計入成本、又不支付賬款的入庫狀況。一般以「特殊入庫單」為憑證。

(2)出庫

出庫是物料發放出去，使庫存量減少，是記賬時的減項。由於製造業的物料是使用於生產日的，所以，其異動性質變化較多。

①退貨出庫。

已經驗收進料入庫的物料，當然已經記入庫存賬內，如果事後被倉管員或現場人員發現品質不良，或規格有誤，或變成「無使用目的」的物料(經原供料廠商同意退回)，則須以「物料退回單」出庫，退回原供料廠商。其記賬憑證為「物料退回單」，且應與原驗收單相對應。

事實上，退貨又可再區分為「購入品退貨」與「外協加工品退貨」兩種，理論上應與驗收分類性質互為對應。

②定額領料。

生產領料往往區分為「定額領料」與「超損耗領料」兩大類。通常由生管透過人工(或電腦)，依 BOM 用料清單，開立「定額領料單」，交給倉庫備料，在真正需用時將料送到生產現場或由生產現場派人來領取。這類記賬作業，應以「領料單」尤其是「定額領料單」

為準,而且應與「製造命令單」上的生產批對應。由於自製與外協加工的需要,很可能再區分為「自製領料單」與「外協加工領料單」兩種,或以「異動代號」欄位加以區分。

③超損耗領料。

超損耗領料與「定額領料」相對立。在定額量領用之後,如果由於制程發生異常而耗料,不得已給予補足以使生產批順利完成時,多由生產現場主管另開立「補料單」,註明其原因,經較高層主管核准,持單向倉庫補領料。其記賬依據為「補料單」,且應註明生產批別,以利成本分析。同樣,自製與外協加工兩者性質都適用,必要時區分不同表單。

④報廢。

如果庫存物料已不能用,經呈上級核准,則由倉管人員(或處理人員)開立「報廢單」,經原核准人簽署,即可作出庫處理。其記賬依據為「報廢單」。有些工廠則簡化合併入「其他出庫」處理。

⑤其他出庫。

如還料給原借入的工廠,一般多以「特殊出庫單」為記賬憑證。

(3)庫存調整

倉管員在發現料賬不準時,不應忽視其不準確狀態,等待實地盤點時再予調整,而應該立即進行調整工作。

當然,絕對不允許倉管員在料賬(包括庫存管理卡)上大筆一揮,就調整了事。應該開立「庫存調整單」,經上級(授權幅度規定)核准,才可調整料賬。

(4)調撥

有些中等規模的製造廠,往往有兩個以上的廠,各有專屬物料倉庫,而物料中有不少互相通用的,經常可以互通有無,使總庫存量維持在較低水準。但是,就公司會計作業(資產賬)而言,卻只有

一個物料賬。

　　在這種情況下，會計系統允許兩個（以上）倉庫，各有存量，但必須規定以「調撥單」為記賬憑證，此方減而彼方增，總賬仍為不變。

五、入出庫表單的設計

　　入出庫表單是庫存料賬記賬的基礎，也是管理控制與稽核的依據，更是整理出各項統計數據的依據，因此其表單內容、格式欄位與聯數流程，也應該深入探討，在整合式電腦化系統中，更要重視。

(1)入出庫表單的設計原則
①表頭必須獨立而週全。
②異動明細項（主體）要週全夠用。

(2)表單聯數與流程
　　入出庫表單到底要幾聯才適合管理要求，不同企業有不同要求，但基本上分為兩聯：第一聯作為庫存記賬後的憑證，第二聯則為備存聯，供提出（申請）部門存查之用。必要時，可增加第三、第四聯，作「管理控制」或「通知」之用。例如，在電腦化尚未「整合」之前，物料驗收單第一聯存倉庫料賬管理員，第二聯為資料處理聯，供電腦記賬及會計之用，第三聯則交予採購作消賬與應付賬款之用，第四聯才交予供應廠商存留備查。

　　為了使表單流程順暢而不會遺漏，各聯表單最好明示其各階段流向部門。

表 4-1　入出庫單表頭設計要求

序號	欄位	要求
1	入出庫的對象	對象要明確。例如,「驗收單」的對象一定是供料廠商(雖然,表面上是入出庫),「領料單」一定是生產制程部門,或者外協加工廠商。在電腦作業中,應留有其「代號」欄位,以利對照
2	表單編號	一定不可少,大多位於表單右上角。記賬時,一定要把表單編號填入「料賬」對應的「憑單 No.」欄位,互為對應稽核
3	異動性質	必須明確,例如是「物料購入驗收」還是「外協加工驗收」,是「定額領料」還是「超損耗顏料」。最好加上「異動代號」,因為在電腦化作業中,這是一個很關鍵的欄位
4	輔助欄位	最好也要具備。例如「領料單」,一定要有「生產批號」或「製造命令單 No.」的欄位,才可以核對控制其重覆性,而且成本才可歸戶

表 4-2　入出庫單主體設計要求

序號	欄位	要求
1	料項對象	應明確化,如「料號」與「品名規格」是真正過賬到入庫存料賬的對應欄位。在電腦作業中,「料號」是絕對必要的,有時候「品類」區分也是不可缺少的
2	「單位」與「數量」	要週全。有些材料是以「千克」購入計算應付賬款的,但以「個」為單位作料賬與生產領料的依據,這時,最好區分「計價單位」與「計量單位」,各有其相的「數量」欄位。在物料驗收單上這一點最為明顯
3	「應該」的量與「實際」的量	「應該。的量與「實際」的量對照。從「定額領料單」格式中可以看出,某項物料依「用料標準換算,「應發料量」為 250 個,但由於當時存量不足,因此「實際發料量」為 230 個。在料賬記賬時,當然是以 230 個去扣賬
4	核簽	要依順序具備。所有表單都必須經過管理流程中「授權幅度」範圍者的核准,才可入出庫,或者才可以記賬,因此順序性地保留核簽欄,才可以使責任明確化

六、物料卡的使用要點

1. 物料卡的內容構成

物料卡上應記明：物料編號、物料名稱、物料的儲存位置或編號、物料的等級或分類(如主生產材料或 A、B、C 分類)、物料的安全存量與最高存量、物料的訂購點和訂購量、物料的訂購前置時間(購備時間)、物料的出入庫及結存記錄(即賬目反映)。

2. 物料卡的使用要點

物料卡一般由倉庫保管人員使用管理，它是倉庫保管人員根據物料入庫單、出庫單，用格式統一的卡片填制的。

物料卡使用管理的方式有：

(1)分散式，即把物料卡片分散懸掛在貨垛或貨架靠幹道、支道一側明顯的位置上。在物料進出庫時，隨時登記物料進出倉數量和結存數量，用後掛回原處。

(2)集中式，將物料卡片按順序編好號，放在卡片箱裏，物料出庫時抽出來填寫，用後放回原處。另外在貨垛上還需掛一張寫有物料名稱和編號的標誌卡。

其具體注意事項：

①一般保管和使用卡片時要注意一垛配一卡，一種品種、規格的物料配一卡。

②一批物料不在一處存放時不能同卡記錄，以防止出差錯。

③如需對物料移庫、移位、並垛，卡片也應隨物料移動，並作出相應更改。

④一張卡片記完可轉錄下一張，並將用完的卡片收存好，以備查考。這樣，既能保持卡片的連續性，又能清楚地瞭解這種物料從

入庫到出庫的變化情況。

七、物料台賬

物料台賬是記錄每天發生的物料進出、物料收發、物料退貨、物料報廢等各種物料變化情況的最原始、最全面的統計資料。物料台賬詳細地記錄了每一天、每一個部門，甚至每個人的物料領用和使用情況。

物料台賬根據其功能、作用、部門的不同可分為幾類，例如，倉庫物料台賬、產品物料台賬、工廠物料台賬、個人物料台賬等。

包括以下內容：

(1)明確物料耗用的項目，例如產品、訂單、工廠。

(2)明確物料的類別，如原材料、輔助材料、包裝材料、低值易耗品。

(3)明確耗用標的，如規格、型號、數量、單位、物料品質級別。

八、倉庫的出入庫料賬管理

庫管員應熟悉各類物料的規格、型號、產地及性能，進出材料及時驗收、記賬，運用出入庫和變更登記表，做到賬賬相符、賬物相符、月結月清，具體應做好以下幾個方面的工作。

1.運用出入庫和變更登記表

在出入庫和變更登記表中，應詳細填寫廠家、序號、物料編號、產品名稱和規格等各種數據，以表明該種物料從採購到入庫的整個過程。

2. 及時掌握庫存動態

盤點庫存，掌握庫存動態，按時上報，保證數據準確，並及時處理呆滯和積壓物料。

3. 嚴格控制物料發放

制定並嚴格遵守物料領發制度，重要物料發放要有嚴格的審批手續。嚴格控制物料發放應符合以下要求。

⑴單據不全不收，手續不齊不辦。

⑵入庫要有入庫單據及檢驗合格證明，出庫要有出庫單據。

4. 記賬規則

表 4-3　記賬規則

規則	說明
收入、發出有憑據	入庫單記收入，領料單記發出，將相應單據的倉庫聯按順序編號，作為記賬索引號，按月裝訂成冊，以便日後查詢
賬面規範	賬面不准撕毀，遇有改錯，可以畫紅線並蓋章修正。賬面記錄嚴禁挖、補、刮、擦和用塗改液等修改
賬面記錄採用永續制	賬面記錄採用永續制，每次發生增減變動，都應及時計算結存數量
啟用賬簿	啟用賬簿，應在賬簿封面上標明公司的名稱、項目名稱、年度，在啟用頁內標明賬簿名稱、啟用日期，由記賬人員簽名或蓋章，並加蓋財務專用章
毀損處理	物料在保管期間，因各種原因發生存貨毀損、變質、黴變造成損失時，需嚴肅認真、及時填制毀損報告單，並上報審批。對因保管不善而造成的損失，應追究相關責任人的責任
毀損報告單	由財務或審計部指派專人到現場審核數量，分清責任後出具報告並經上級審批，倉庫方可作減少賬務調整，財務對有關責任人作相應處理

5.賬務管理

倉管員在接受指令後對物料辦理入庫、領用、調撥等手續，退貨必須填制相應單據，確認單據上相關人員均已簽字後，方可辦理後續手續。

物料三級數量明細賬是記錄物料的收入、發出、調撥和結存情況的重要賬冊，需按品種和規格登記，妥善保管，年終裝訂成冊，至少保存 3 年，記賬應有合法依據，憑證需完整無缺。

 案例 **工廠料賬不準的原因分析**

為了隨時掌握庫存狀況，且配合庫存管理方式進行庫存的管控，日常作業就需要按物料分類將收發狀況的異動登記在賬冊中，或輸入電腦做賬，以備隨時查詢。

如果出入庫料賬不準確，那麼料賬管理也就失去了它的實際意義，因此，應認真分析料賬不準的主要原因，進而尋找到解決問題的妥善對策。

1.安全存量警示表

表 4-4　安全存量警示表

品類						
料號	品名規格	單位	現在庫存量	安全存量基準	差異數量	建議採購數量

安全存量警示表專門用來分析料賬不準的主要原因。如表 4-4

所示，可以考察某種物料的品種、規格、品名、單位、現有庫存量、安全存量基準以及差異數量，並將該表同出入庫單、庫存控制卡、台賬的記錄內容互相對照，就能從中發現差異，找出產生差異的原因。

2.庫存變動明細表

由於經常會發生入庫、出庫、挪庫、移庫等情況，因而倉庫中的物料庫存量是不斷發生變化的。而透過庫存變動明細表就可以清楚地瞭解庫存的準確數量。

表 4-5　庫存變動明細表

料號		品名規格			單位	
日期	入庫數量	出庫數量	現存庫存量	安全存量基準	差異數量	備註

3.庫存統計報表

定期(日、週、月、年)製作庫存報表，以作為掌握庫存資料的依據，並作為庫存規劃與管控之用。

表 4-6　庫存月報表

日期：

物料編號	物料名稱	單位	上期結存數量	本月入庫數量	本月領出數量	結存數量	備註

製表：　　　　　　　　　　　主管：

第**5**章

物料管理的接收管制

一、物料的接收過程

接收物料的管理過程包括從收到收貨通知單開始，到把物料存放到規定的位置為止的整個過程。

具體的細節如下：

1. 收到收貨通知。如供應商的送料單，生產部的入庫單等；
2. 預接收材料；
3. 通知 IQC 檢驗；
4. 正式接收材料；
5. 異常情況處理。如挑選、特採、處理不合格等；
6. 按規定方式擺放。

圖 5-1　物料管理部接收物料的流程

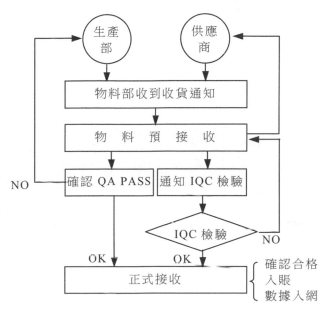

二、物料的預接收材料

1. 預接收材料的憑據——送貨單

(1)送貨單是接收材料的憑證，是完成 P.0(訂單)的具體體現。倉管員一旦在送貨單上簽了字，就意味著該物品被接收，也就可以辦理其他的入賬關聯手續。

(2)送貨單的格式千差萬別，假如你有 1000 家供應商，那麼就可能會有 1000 種送貨單，這對你的工作可能會帶來麻煩。因此，要盡可能地熟悉它們。

(3)若用完全統一送貨單的格式，可以帶來很大方便，而且看起來也可行，但實施難度太大，除非你在每個供應商面前是主宰決定者。

(4)常用的送貨單的格式。

表 5-1 送 貨 單

顧客名稱：							編號：	
地址：			電話：				日期：	
FM：供應商名稱							發行人：	
地址：			電話：				批准人：	
序號 No.	訂單號 P/O	品名 Descrip	編號 Code No	數量 QTY	單位 Unit		批號 Lot No	備註 Remark
發貨人： 日期：				收貨人： 日期：				

2.預接收材料的方法

倉庫人員在預接收材料時，按如下的方法進行：

(1)確認實物、清點數量、檢查外包裝狀態和供方的檢驗合格標記。如有任何問題，均要當面指出；

(2)確認上述兩項 OK 後，接收員在送貨單上簽字；

(3)將簽字後的複印份送貨單交於送貨人，原件登記後送 IQC 通報檢驗。

三、物料驗收的程序

1. 收貨

⑴負責單位

通常由庫房主辦，但有些大公司，另設有「接收中心」負責所

有物料及其他物品的接收。

(2)業務內容

主辦人員找出採購單(或請購單)之庫房聯，依送貨者送來的發票，送貨單核對供應商名稱與點收外型數量(即依包裝單位、箱、盒、打⋯⋯等點收數量)，無誤後於送貨單上簽收，並填制驗收單。

2. 確定點收數量與檢驗品質

(1)負責單位

庫房(接收中心)負責確實點收數量，通知品管部門，品管部門負責檢驗品質。

(2)業務內容

庫房主辦人員打開包裝，確實清點數量，並將清點結果註明於驗收單上。品管人員依進料檢驗辦法，填制檢驗單，至庫房取樣檢驗之，並將檢驗結果書寫於檢驗單上，並在驗收單上簽明檢驗結果。

3. 判定允收與拒收

(1)負責單位

庫房(接收中心)。

(2)業務內容

庫房人員依據數量的點收與品質的檢驗結果來判斷允收與拒收，當二者都合格後即判定為合格，若不合格則庫房需通知採購單位，由採購單位依契約規定與供應商洽談補救辦法。

4. 物料歸庫(位)與建立數據

(1)負責單位

庫房。

(2)業務內容

庫房將物料依據儲存規定擺置於正確位置，並將數據登記於存控卡上。

四、物料收貨的控制點

1. 數量控制

數量控制主要發生在預接收物料階段。

檢驗數量時，如果數量較少，可以直接拆箱檢驗。如果數量較多，可以實行抽檢與稱重法檢驗：按照比例抽取幾箱直接拆箱檢驗物料，然後稱該箱的重量，其餘的稱每箱重量看是否達到數量要求。

數量檢驗通常與檢查接收工作一起進行。一般的做法是直接檢驗，但是當現貨和送貨單尚未同時到達時，就會實行大略式檢驗。另外，在檢驗時要將數量進行兩次確認，以確保無誤。檢驗數量時應注意以下問題：

(1)件數不符。在大數點收中，如發現件數與通知單所列不符，數量短少，經複點確認後，應立即在送貨單各聯上批註清楚，並應按實數簽收；同時，由倉管人員與承運人共同簽章。經驗收核對確實，由倉管人員將查明短少物料的品名、規格、數量通知承運單位和供應商，並開出短料報告，要求供應商補料。

(2)包裝異狀。接收物料時，如發現包裝有異狀，倉管人員應會同送貨人員開箱、拆包檢查，查明確有殘損或數量短少情況；由送貨人員出具物料異狀記錄，或在送貨單上註明。同時，應另行堆放，勿與以前接收的同種物料混堆在一起，以待處理。

如果物料包裝損壞十分嚴重，倉庫不能修復，加上由此而無法保證儲存安全時，應聯繫供應商派人協助整理，然後再接收。未正式辦理入庫手續的物料，倉庫要另行堆存。

(3)物料串庫。在點收本地入庫物料時，如發現貨與單不符，有部份物料錯送來庫的情況(俗稱串庫)，倉管人員應將這部份與單不

符的物料另行堆放；待應收的物料點收完畢後，交由送貨人員帶回，並在簽收時如數減除。如在驗收、堆碼時才發現串庫物料，倉管人員應及時通知送貨人員辦理退貨更正手續，不符的物料交送貨或運輸人員提走。

(4)物料異狀損失。指接貨時發現物料異狀和損失的問題。設有鐵路專用線的倉庫，在接收物料時如發現短少、水漬、玷污、損壞等情況時，由物控人員直接向交通運輸部門交涉。如遇車皮或船艙鉛封損壞，經雙方會同清查點驗，確有異狀、損失情況，應向交通運輸部門按章索賠。如該批物料在托運之時供應商另有附言，損失責任不屬交通運輸部門者，也應請其做好普通記錄，以明確責任，並作為必要時向供應商要求賠償損失的憑證。

在大數點收的同時，對每件物料的包裝和標誌要進行認真的查看。檢查包裝是否完整、牢固，有無破損、受潮、水漬、油污等異狀。物料包裝的異狀，往往是物料受到損害的一種外在現象。如果發現異狀包裝，必須單獨存放，並打開包裝詳細檢查內部物料有無短缺、破損和變質。逐一查看包裝標誌，目的在於防止不同物料混入，避免差錯，並根據標誌指示操作確保入庫儲存安全。

2.品質控制

品質檢驗的目的是為了確認接收的物料與訂購的物料是否一致。對於物料的檢驗，還可以用科學的紅外線鑑定法等，或者依照驗收的經驗及對物料的知識採取各種檢驗方法。

(1)檢驗物料包裝。物料包裝的完整程度及乾濕狀況與內裝物料的品質有著直接的關係。通過對包裝的檢驗，能夠發現在儲存、運輸物料過程中可能發生的意外，並據此推斷出物料的受損情況。因此，在驗收物料時，倉管人員需要首先對包裝進行嚴格的驗收。

①當發現包裝上有人為的挖洞、開縫的現象時，說明物料在運

輸的過程中有被盜竊的可能。此時要對物料的數量進行仔細的核對。

②當發現包裝上有水漬、潮濕時，表明物料在運輸的過程中有被雨淋、水浸或物料本身出現潮解、滲漏的現象。此時要對物料進行開箱檢驗。

③當發現包裝有被污染的痕跡，說明可能由於配裝不當，引起了物料的洩漏，並導致物料之間相互污染。此時要將物料送交品質檢驗部門檢驗，以確定物料的品質是否產生了變化。

④當發現包裝破損時，說明包裝結構不良、材質不當或裝卸過程中存在亂摔、亂扔、碰撞等情況。此時包裝內的物料可能會出現磕碰、擠壓等情況，影響物料的品質。

對物料包裝的檢驗是對物料品質進行檢驗的一個重要環節。通過觀察物料包裝的好壞可以有效地判斷出物料在運送過程中可能出現的損傷，並據此制定對物料的進一步檢驗措施。

(2)檢驗外觀品質。由於對物料包裝的檢驗只能判斷物料的大致情況，對物料的外觀品質進行檢驗也就必不可少。物料外觀品質檢驗的內容包括外觀品質缺陷，外觀品質受損情況及受潮、黴變和銹蝕情況等。

對物料外觀品質的檢驗主要採用感觀驗收法，是用感覺器官，如視覺、聽覺、觸覺、嗅覺來檢查物料品質的一種方法。它簡便易行、不需要專門設備，但是有一定的主觀性，容易受檢驗人員的經驗、操作方法和環境等因素的影響。

①看。這是對物料外觀品質進行檢驗的最主要方法，它通過觀察物料的外觀，確定其品質是否符合要求。

②聽。聽是指通過輕敲某些物料，細聽發聲，鑑別其品質有無缺陷。如原箱未開的熱水瓶，可以通過轉動箱體，聽其內部有無玻璃碎片撞擊之聲，從而辨別有無破損。

③摸。摸是指用手觸摸包裝內物料,以判斷物料是否有受潮、變質等異常情況。

④嗅。嗅是指用鼻嗅來判斷物料是否已失應有的氣味,或有串味及有無匯漏異味的現象。

對於不需要進行進一步品質檢驗的物料,倉管人員在完成上述檢驗並判斷物料合格後,就可以為物料辦理入庫手續了;而對於那些需要進一步進行內在品質檢驗的物料,倉管人員應該通知品質檢驗部門,對產品進行品質檢驗。待檢驗合格後才能夠辦理物料的入庫手續。

另外,對物料的檢查方式有全檢和抽檢兩種,一般而言,對於高級物料或是品牌物料都應做全面性檢查;而對購人數量大或是單價低的物料,則宜採取抽樣性檢查。

3. 契約條件控制

檢驗與採購相關的契約條件,例如物料品質、數量、交貨、價格、貨款、裝箱等條件是否相符。

4. 入庫單必須清楚填制

物料驗收合格後,倉管人員應該為物料辦理入庫手續。根據物料的實際檢驗及入庫情況填寫物料入庫單,然後再對物料進行記賬、建卡以及建檔管理。

(1)入庫單填制:

①入庫單的種類。物料入庫單是記錄入庫物料信息的單據,它應記錄物料的名稱、物料的編號、實際驗收數量、進貨價格等內容。

②入庫單的填制。物料驗收合格後,倉管人員要根據驗收的結果,據實填寫物料入庫單。在填寫產品入庫單時,倉管人員應該做到內容完整、字跡清晰,並於每日工作結束後,將入庫單的存根聯進行整理,並予以統一保存。

(2)明細賬登記。為了便於對入庫物料進行管理，正確反映物料的入庫、出庫及結存情況，並為對賬、盤點等作業提供依據。倉庫還要建立實物明細賬，以記錄庫存物料的動態。

5. 包裝箱標籤控制

產品的標籤與產品的狀態一致(這裏的產品狀態指的是單位/每箱產品的數據)，來料的物料每箱內的物料狀態必須與箱外標籤一致。而且一個箱僅有一種物料，標籤具有唯一性。

五、特採的物料接收管理方法

「特採」的字面意思就是「特別採用」，因為其本身屬於不合格故而顯得特別，又因為要使用而採用。

1. 特採的定義

對於不符合標準的物料採取讓步接受的做法就是特採，這些物料就是特採物料。但是要注意，特採物料一般應不至於導致產品出現不合格。

2.特採物料的使用方法

圖 5-2　特採物料的使用方法

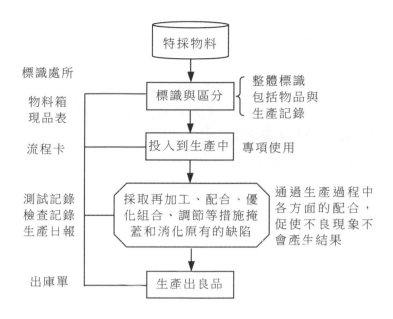

3.管理方法

特採物料的管理要點就是標識，這些物料絕對不能與其他同類的物料相混淆，這個標識狀態要貫穿到產品的整個製造過程直到最終的完成品，可以實現有效控制和追溯。

4.注意事項

特採物料一般要由工程、品質、生產三大部門會簽批准後，才可以由採購部門實施。

六、不合格材料的接收管理

1. 不合格材料的種類

不合格材料包括下列幾種：

(1)被 IQC 判定為整批不合格的材料；

(2)生產部在製造作業時，從整批合格的材料剔除的不良品；

(3)生產部在製造作業中損壞的材料。

2. 不合格材料的管理方法

(1)標識：對不合格的物料進行標識，對放置不合格品的區域進行標識，這種標識應該容易識別。

(2)隔離：對不合格品要採取一定的措施，如不同的包裝、專門的區域放置等，防止產生混淆、用錯和誤用。

(3)封鎖：對一些具有嚴重危害性的物料要採取加鎖措施，規定只能由授權的人開啟，防止產生不良後果。

(4)處理：所有已確定的不良品應快處理掉(一般不能超過 3 個工作週)，以免佔用庫存或影響工作。

3. 可疑材料的管理方法

可疑材料一律按「不合格」處理，在標識方法上可以註明是「可疑材料」。

七、接收成品的管理

1. 接收成品的憑據——入庫單

(1)入庫單是生產流程的延續，隨著製造過程的不斷進行，工序流程卡、現品表等記錄卡將因完成使命而被停止，製成品的下一個

環節是進庫，所以，入庫單就成了入庫實施的記錄。

　　常用的入庫單的格式如下：

表5-2　入　庫　單

DATE：　　　　　　　　　部門：　　　　　　　　編號：

序號	品名	型號	批號	數量	單位	箱數	備註

批准人：　　　　　　　　入庫人：　　　　　　　倉管員：

　　⑵入庫單是辦理成品入庫時的憑證，生產部人員依據它交貨給倉庫，倉管人員依據它辦理收貨、入賬和提供網路資料等事務；

　　⑶入庫單須由製造課主任以上人員批准後才可以執行入庫作業，該表單是一式二聯，生產部保留正聯，物料管理部保留複印聯；

　　⑷倉管人員一旦在入庫單上簽了字時，就意味著所關聯的產品的責任將由物料管理部負責；

　　⑸要留意簽寫在入庫單上的日期和編號，因為它們具有追溯性，尤其在管理納期時更顯得重要。

2. 接收成品的管理方法

　　倉庫人員接收成品，是發生在製造課完成產品製造並得到 QA 驗證合格時的後續行為，這個過程的操作步驟和方法按下列進行：

　　⑴詳細確認入庫單的內容，尤其是品名、數量等。如發現有字跡不清、塗改或其他影響識別的因素時，要與送貨人員當面核實，

有必要時簽名確認;

(2)確認入庫物品、清點數量,檢查外包裝的狀態和品質部已實施檢驗的 QA PASS 標記。如有任何問題,均要當面指出;

(3)確認上述兩項 OK 後,接收員在入庫單上簽字;

(4)與送貨員交接完畢後,倉管員將所接收的成品擺放到規定的區域;

(5)辦理入賬、輸入網路資料等事務。

3. 收料單作業流程圖

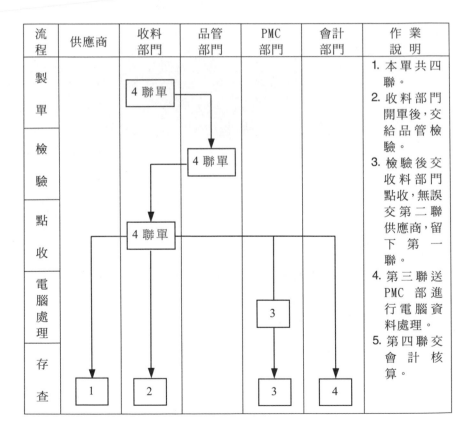

流程	供應商	收料部門	品管部門	PMC部門	會計部門	作 業 說 明
製單		4 聯單				1. 本單共四聯。 2. 收料部門開單後,交給品管檢驗。 3. 檢驗後交收料部門點收,無誤交第二聯供應商,留下第一聯。 4. 第三聯送PMC 部進行電腦資料處理。 5. 第四聯交會計核算。
檢驗			4 聯單			
點收		4 聯單				
電腦處理				3		
存查	1	2		3	4	

案例　倉庫存貨過多引起的深思

劉凱進：財務經理

方冠華：總經理

秦學浩：製造經理

財務經理劉凱進把一張圖表推到總經理的面前，呈現在總經理方冠華面前的這張圖表，顯示出過去三個月以來預算數字和實際支出之間居然有 120 萬元的差距。

方冠華說：「怎麼會變成這個樣子呢？不可能是物價上漲的緣故吧？」他看了看劉凱進，問道：「以前怎麼沒有人告訴過我呢？」

劉凱進回答說：「你不是每個月都會收到採購中心和六個採購部門的報告嗎？」

總經理早已注意到了月報上的開支有所增加，當時他並不覺得增加的數額有多大，然而呈現在他眼前的總額卻是個驚人的數字，有 120 萬元的差距。

方冠華說：「這一定是不遵守公司的政策，未能儘量減少存貨的結果。」他把自己的私人助理叫了進來，口授了一段簡短的指示，要所有的採購經理暫時停止進貨，直到現有的存貨減少 10% 為止。

幾個鐘頭之後，製造經理秦學浩便從一位採購經理處得到了「減少庫存」消息，他簡直不敢相信這是事實。秦學浩心有不甘的對一位採購人員說：「現在的原料供應這麼不穩定，我還特意多囤積一點存貨。」對方同意地頻頻頷首，他也是為了這個原因增

加訂貨的。

下午，製造經理秦學浩設法見到了總經理，直截了當地說：「我們不能降低存貨數量，原料的來源很困難，把錢投資在存貨上絕對值得，我們必須有足夠的存貨，才能使生產線不致中斷。如果我們降低存貨量顧客的訂單就很可能無法如期交貨了。甚至還會損失不少訂單。存貨成本和生產停頓、無法交貨相比，又算得了甚麼呢？」

總經理卻說：「萬一我們破產了，那麼就算能繼續生產，對我們也沒有甚麼好處呀！」

總經理並且把財務經理劉凱進找來，以支持他的論點。

劉凱進小心翼翼地解釋說：「公司實在沒有辦法保有這麼多存貨，秦學浩的觀點在銀行利率低的時候可能不錯，現在則不然。這不僅是存貨成本或是投資利潤的問題。公司為了籌集存貨的資金，已經多負了 100 萬的短期債款，利率是 15.5％。而且目前的倉儲設備也容納不了過多的存貨，必須擴張倉儲空間，每年要增加 10 萬元的開支。」

秦學浩反駁說：「你有沒有考慮過漲價的問題，如果我們現在不買原料，以後我們就得花更多錢，而且還不一定買得到。」

兩人唇槍舌劍交戰了一陣子，突然秦學浩衝口說出了一句話：「你根本就是在找我的麻煩，我知道你想要把採購部門納入你的指揮。」

劉凱進氣憤地回嘴說：「這樣，至少公司裏有人懂得囤積存貨對我們資金的週轉有甚麼影響。」

事後，總經理方冠華仔細衡量了整個情勢，他發現有兩個很嚴重的問題。從短期來看，他必須決定是否取消或是修改減少 10％存貨的指示。或者他應該給秦學浩一個總目標，讓他自己酌情調

整存貨量。

　　不過，從秦學浩強烈主張增加存貨的態度看來，方冠華又擔心他到底會不會執行這個命令。這使得總經理方冠華產生了第二種想法，也許一勞永逸的方法就是把採購和存貨控制都交給財務經理去管理。

　　方冠華也知道，由秦學浩負責指揮採購工作，製造作業比較順利、效率也很高。然而，公司的現金週轉不靈，利息又攀高不下，或許值得冒著生產延遲、人事糾葛的危險，如果指派一位真正瞭解存貨積壓問題的人來全權負責，當然這責任就落在財務經理劉凱進的身上。方冠華應該如何處理這個嚴重的問題呢？

【案例剖析】

　　製造經理秦學浩囤積存貨的理由很正當，他批評總經理的指示，認為停止採購會影響生產也很正確。

　　然而，製造經理秦學浩和其他採購主管顯然沒有仔細考慮過他們的決定會產生甚麼後果。身為製造經理，秦學浩應該有知識、能力並且有權力斟酌採購成本，以避免停工和漲價的風險。而總經理方冠華所打算採取的行動並不能夠達到這種效果。方冠華想要把採購和存貨控制全交給劉凱進管理，這樣做等於是強調財務方面的力量，而又奢望使財務和製造雙方面得以平衡。

　　公司內部有許多問題值得尋思。為甚麼製造經理秦學浩有權超出預算，而且多支出巨額的費用？超額的費用是所有的採購主管累積的開銷嗎？答案可能是肯定的，那麼每位主管是否預先料到，他們的行動可能產生這樣嚴重的結果呢？也許他們都沒有想到吧！

　　總經理方冠華現在需要的是一個良好的採購報告和控制系

統。這樣可以從根本上杜絕任何問題的發生。會計體系的不完備也是值得討論的，主管收到財務報告時往往已是事過境遷，難以挽回了。

在問題發生之後，我們不得不檢討一下總經理方冠華的管理方式。他不先通知秦學浩，而直接對採購主管下命令，當然會引起反效果。秦學浩應該是第一個知道方冠華的心事，結果他卻比任何人都晚得到消息。

總經理方冠華的指示至少反應出幾件事。別人運用他的資金的態度他並不同意，但是他未能及時獲知，以便阻止這一情勢。

為了使手下的人員能發揮他們的能力，並且彼此合作無間，總經理方冠華最好撤銷前令。這樣做雖然有些為難，但是卻有不少好處。方冠華應該召集製造經理以及各採購主管，為他們訂定明確的目標。這個目標可以是：在 90 天之內，減少存貨數量 10%。然而方冠華不妨要求他們提出實際的計劃，以便他可以逐週予以檢查監督。

這樣即使不能迅速產生效果，總經理方冠華仍然可以逐漸使存貨量減低。製造經理也可以購買重要的原料，減少次要原料的存貨，便不致影響生產工作。至於多餘的存貨則可以採取其他方式處理，例如把不用的原料設法出售。

目前方冠華最好仍然維持現行的組織結構，不妨指定一位後勤經理，專門向他提出報告。方冠華似乎認為把採購和存貨控制納入製造部門的管轄是很重要的，可是有許多公司覺得這樣做還不夠完善。企業界已設立了新的部門來處理一切的後勤事宜：採購、存貨控制、生產規劃、運輸。負責上述職務的主管都要向後勤經理或是原料經理報告。

總經理方冠華在管理的第一步工作上便做得不夠理想。秦學

浩的責任和權力應該有更清楚地界定，同時還必須訂定一個更好的報告系統，以便協助採購主管們作決策，避免發生財務危機。從長期來看，方冠華也應該取得財務經理劉凱進的合作，研究出一種計劃和報告方式，使得方冠華能直接得到各項作業的數據。

　　總經理方冠華的問題真正解決之道還要靠他自己的體認，瞭解後勤補給的工作和行銷、製造同樣重要。唯有明瞭這一點，才能爭取並且保留優秀的人才，使他們和諧相處。

心得欄

第 *6* 章

物料管理的領料、發料管制

一、領、發料的種類

物料驗收完畢入庫後,使用部門便可依據一定程序,填寫單據至庫房領料或庫房依據工令主動配發物料至使用單位,此類活動謂之領發料。

領發料的種類依其處理辦法,可分下列數種:

1. 以領發單據的處理手續分

(1)單料領發,即一張單據僅能領用一項物料。

(2)多料領發,即一張單據可一次領出多項物料。

(3)定量定時分配,對每段期間需用的多項物料,由一張單據領取。

2. 以領發物料的種類分

(1)原料的領發。

(2)製品(兩品)的領發。

3. 以提運辦法分

(1)提取領發，由需要部門派人至倉庫搬取所領物料。

(2)配送領發，由倉儲部門派人將各部門所需物料，送至指定場所。

二、物料的發放過程

發出物料的方法有兩種，即配發和領取。

(1)配發：由物料管理部門按計劃把所需物料調配好、並主動送到需要使用的部門。

(2)領取：由物料使用部門按需求把所需要的物料開具領料單，然後到物料管理部領取。

物料管理部與生產部之間的配料、領料過程：

圖 6-1　物料管理部與生產部之間的配料、領料過程

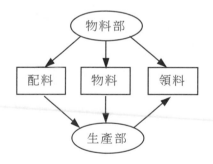

1. 物料的發放過程

發出物料的過程包括物料從倉庫被拿出到生產工廠完成製造前的全部環節，具體包括：

(1)配料人員依據生產計劃和 BOM 事先配備好材料；

(2)搬運人員在規定時間將配備好的材料轉運到生產部；

(3)配料以外的情況由生產部人員依據領料單來倉庫領料;

(4)按先進先出的原則從倉庫搬運物料;

(5)進行必要的交接手續;

(6)更新賬本和網路資料;

(7)返納不良品;

(8)處理不合格品;

(9)物料平衡與核銷;

⑩有效管理物品損耗等。

圖 6-2　物料管理部發出物料的流程圖

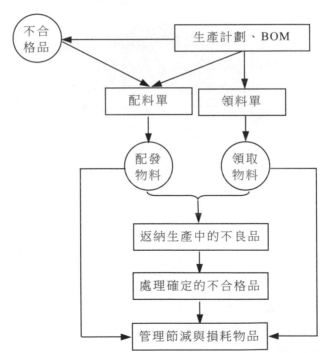

2.發料原則

發料原則是倉管人員在發出物料時必須遵守的原則。一般來

說，對已經形成的發料原則應該制度化，而且要讓全體物料關聯人員都明白、理解和運用。這些原則主要是：

⑴**發出得到授權使用的材料**

一般情況下發出的材料至少應是經過整批確認合格的材料，但也包括經過確認的免檢材料和特採料等。如：

① IQC 實施檢驗後判定為合格的材料；

② IQC 雖然免檢，但得到物料管理部門或其他部門對該材料的許可；

③ IQC 檢驗不合格，但獲得特採的物料只能用領取的方式發放。

⑵**發料時遵循「先進先出」的原則**

先進先出：First In First Out(FIFO)，先發放先進來的材料，後發放後進來的材料，確保某些材料不會在庫中滯留。

執行先進先出時要遵守如下的規定：

決定物料「先進來」的依據是物品本身的生產日期，而不是入庫日期。這是因為入庫日期對於物料來說是一個有變數的相對日期，而生產日期卻是絕對的。

倉庫的物料擺放位置要對實施先進先出具有可操作性。也就是說先放進的物料不能被後放進的物料所阻擋，而導致先放進的物料不能先取出來。

⑶**特殊情況的「後進先出」物料發放方式**

如果由於市場因素等原因，需要對物料實施「後進先出」的特殊管理時，由物料課長批准後，按領料方式進行。

3. 物料發放的配料單

配料單其實就是一份物品清單，它是把生產計劃中將要生產的產品所需要的材料全部羅列出來，以便相關人員提前 1～2 天準備齊當後，給搬運人員按規定的時間將物料準確送達生產現場。

　　配料單一次做好後可持續使用，若沒有發生材料變更（包括規格、型號、用量等），就不需要修訂，只要控制配料基數就可以了。

　　配料單是物料控制課所制定的，配料員依據配料單，從各倉管員處辦理配料手續。配料單主要包括下列內容：

　　(1)產品名稱、型號；

　　(2)批號與批量；

　　(3)材料名稱和代碼；

　　(4)單件用量；

　　(5)單位；

　　(6)總用量；

　　(7)制單責任人；

　　(8)配料責任人等；

　　(9)必要時，還可以附上損耗量。

　　配料單的格式如下：

表 6-1　配料單

產品名稱：				批號：			
產品型號：				批量：			
生產數量：				日期：			
序號	材料代碼	品名	規格	用量	單位	數量	備註

　　製單人：　　　　　　　　　　配料員：

4. 要及時發料

⑴及時發料的依據

所謂及時發料就是既不能遲發，也不能早發，要準時的發，也就是在剛剛要用的時候剛好發到手。

配料的時間憑據是週生產計劃，為確保發料準時，配料需提前 1～2 天進行，以防有意外問題時有足夠的時間處理。

發料的時間憑據是日生產計劃，為確保發料準時，發料前配料擔當要詢問生產部的相關主任，看是否有必要發料或有其他改變。

一般情況下正常物料的發出時間應該不會有什麼問題，出問題的往往是那些不正常的物料，例如：

①緊急物料。因物料進庫倉促，一些正常手續得不到履行，故容易出現錯亂、混淆和遺漏等；

②返納的差補材料。因為該過程包含的環節多、存在的不確定性因素大，又不容易被確認，所以，容易出現遲遲得不到解決的問題。

⑵發出物料的方式

①為保障發料的有效性，物料管理部應對配發的物料界定範圍，屬於此範圍時執行配發，超出此範圍時由用料單位領取，並把這些規則編入流程、形成制度。配發材料的範圍一般包括：

・ 正常生產計劃中包含的 LOTSIZE（批量）材料；
・ IQC 檢驗合格的材料；
・ 有固定形體的普通零件，如塑膠件、五金零件等。

②領取物料的範圍包括：

・ 非正常生產計劃中的生產材料，如臨時生產、試產等；
・ 因 IQC 檢驗不合格而特採的材料；
・ 沒有固定形體的普通零件，如油漆、天那水等；

・貴重的、易損壞的材料，如 IC、金、銀等。

5.物料發放的交接管理

圖 6-3　物料發放的交接管理

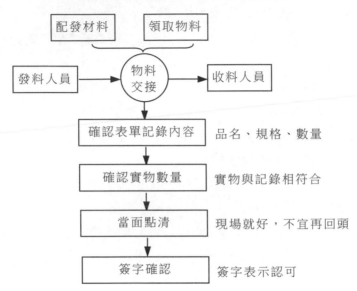

物料交接管理的憑據是各種收發表單，相關人員一旦在這些表單上簽了字，就意味著承認了交接工作的內容。具體的交接管理步驟參見上圖。

6.如何處理返納不良品

⑴返納不良品的來源

所謂返納不良品是指「物料發到生產部等使用部門後，又發現的不合格物料」，因這些物料需要換領，所以叫做返納不良品。

包括以下兩種：

①自體不良物料：生產部在實際使用中發現的整批合格物料中所含的不合格品，因這些不良品是屬於來料本身的，所以又叫做自體不良物料。

②作業不良物料：生產部在使用中自己因操作失誤而損壞的材料。

③在庫不良物料。由於庫存過程中所發生的不良品。

⑵返納不良品的方法

生產部返納不良品時按下面的步驟和方法進行：

①生產部開具物料返納單；

②將返納單和不良實物一起交品質部 IQC 檢驗；

③IQC 區分不良物料是屬於自體不良還是作業不良後簽字；

④生產部領回物料返納單和不良實物；

⑤物料管理部依據返納單補發相應的物料給生產部；

⑥物料管理部將自體不良的物料退供應商，作業不良的物料實施報廢；

⑦將有關資料記錄、入賬。

⑶在庫不合格品的來源

在庫的不合格品是指來源於庫存過程中發生的不良品和生產過程中返納到物料管理部的作業不良品。

圖 6-4　在庫不合格品的類別

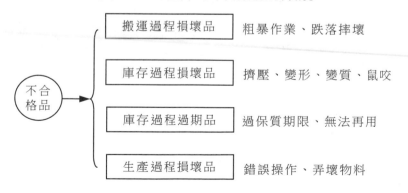

⑷**在庫不合格品的處理步驟和方法**

物料管理部要堅持不定期處理在庫不合格品，不定期是指這些物品存放到一定的量或時間的時期，一般需要根據實際具體決定。處理步驟和方法是：

①封鎖或隔離發現的在庫不良品：

②必要時邀請工程和品質部門召開檢討會議；

③將檢討結果形成文件；

④倉管人員執行該文件，處理不合格品；

⑤處理措施要合理，如符合經濟性、環保性等；

⑥可疑物品亦按不合格品實施管理。

圖 6-5 處理在庫不合格品的流程

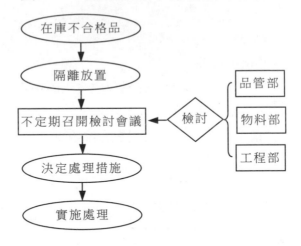

⑸**物料返納單**

物料返納單是生產部返納物料時使用的專用表單，該表由生產部簽寫、品質部 IQC 檢查、物料管理部接收。

物料返納單的格式如下表：

表 6-2　物料返納單

部門：		生產線：	區別	擔當	檢查	確認
產品：		型號：	返納方			
批號：		批量：				
制定日期：			檢查方			
檢查日期：						
代碼	品名	規格	返納數	不良內容	自體不良	作業不良	備註

三、領發料作業規章範例

(1)生產單位需用物料應填寫領料單說明用途，經由主管人員核章後向倉庫辦理領料。

(2)不同工令之物料應分開填寫料單以便作成本統計。

(3)大批之物料生產單位應於使用之前三天向倉庫洽領，以便倉庫人員先期準備。

(4)倉庫人員發料應在領料單上記載實發數，蓋章後將第一聯留存，第二聯送生產課，第三聯送財務組，第四聯退領料單位。

(5)各級人員不得領用職務以外使用之物料。

(6)非經按規定簽證之領料單不予核發物料。

(7)倉庫人員負責審核領料單，如發現有不實情況得拒絕核發。

(8)一般出貨由業務部填出貨單六聯，第一聯留存，第二聯送客戶，第三聯送倉庫，第四聯簽回單倉庫發料後退業務部，第五聯送

守衛，第六聯送財務部。

(9)代工廠商領料手續此照工廠生產單位辦理，但須填寫出貨單而不填領料單。

(10)呆廢料標售後，出貨由總務課填出貨單，此依業務部出貨手續辦理。

(11)本辦法經核准後實施，修正時亦同。

四、塑膠廠領發料的做法

1. 現況

(1)主要原料憑工令之料單撥發物料。

(2)零配件及一般物料憑領料單發料，但為配合生產往往由工廠派員至庫房先行取用登記臨時賬，嗣後由庫房人員整理累計總數再由工廠制領料單補辦領料手續，因此經常拖延三、四天才能完成撥發手續。

2. 現況缺點

(1)配料時有湊成整數(包裝之數量)，而庫房為防止原料受損，全部以整數撥配，導致庫房與工廠之間有所謂之「內賬」。

(2)工廠以三班制生產機器之安排與工令簽發時間不盡配合，有時竟有先生產後發工令，因此主動撥料無法發揮應有之效率。

(3)經常先領用後補辦領料手續，且系匯總辦理，甚至由庫房催辦。

(4)無詳細作業流程與規定。

3. 改善辦法與作業規章

(1)依據用料之特性將物料之撥領分為下列三種狀況：

①配料：凡產品上之主料均由庫房直接配料洽場庫，其他緊急

採購或欠撥之物料於物料到貨驗收完畢後，亦由庫房依領料單配料
至請領單位。

②領料：產品之副料及其他物料均採用此種方式。

③追加料：配撥之主料不足時採用之方式。

⑵配料之數量依據工令。撥配，撥配量以一個月為基準。

圖 6-6　配料作業流程圖

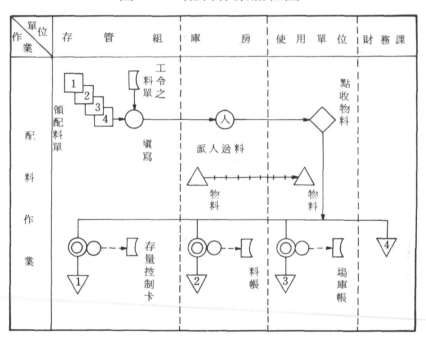

(3)經常之維護用料每個月領一次料，場庫依據一個月之消耗量為控制基準，每個月檢討一次，辦理領料作業。

(4)庫房於撥發物料時，以先進先出為原則。

(5)凡配料作業均需依據流程圖與程序說明執行之。

程序說明：

①存管組依工令所附之料單填寫，領配料單，一式三聯。填寫數量時需將數量湊成整數(包裝之數量)，並將單據送至庫房。

②庫房依此單據派人持單據送料到使用單位(場庫)。

③使用單位(場庫)點收於單據上並簽章完後送料者將單據第1、2聯分送存管組與財務課。

④庫房依此單據轉登記於賬卡之耗用欄。

⑤存管組，依此單據轉登記於存量控制卡之耗用欄。

⑥場庫依此單據轉登記於場庫賬。

(6)凡領料作業均需依據下述之流程圖與程序說明執行之。

程序說明：

①使用單位依據工令或耗用記錄或其他需求數據，填寫領料單，經本單位主管簽核。

②存管組查核存量控制卡上是否有領料單上所述之物料，沒有則填請購單，若有則在領料單簽章，(交由領料人員持此單據)到庫房領料。

③庫房依領料單撥發物料完後將單據之1、2、3、4聯，分送至存管組、庫房，使用單位(廠庫)、財務課。

④場庫依據單據轉登記於場庫賬上。

⑤存管組依據單據轉登記於存量控制卡上。

⑥庫房依據單據轉登記於料卡上。

圖 6-7 領料作業流程圖

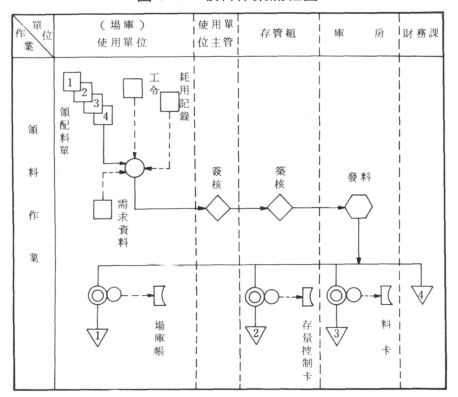

(7)凡追加料作業，均需依據下述流程圖與程序說明執行。

程序說明：

①使用單位填寫追加料單，經本單位主管、工務組，存管單位簽核後庫房領料。

②庫房依單據所述之數量發料。

③上述手續後將單據之 1、2、3、4 聯分送至使用單位(場庫、工務組、存管中心、庫房)。

圖 6-8 追加料作業流程圖

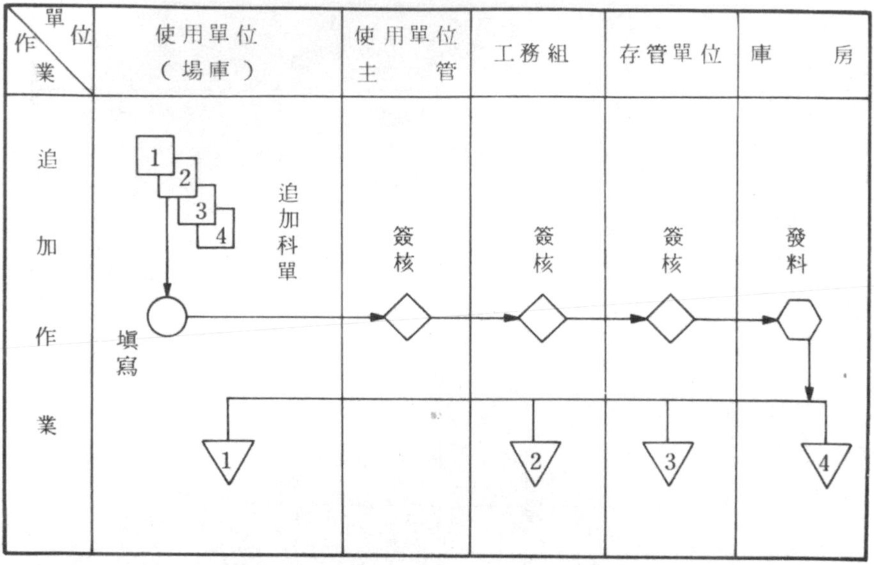

作業＼單位	使用單位（場庫）	使用單位主管	工務組	存管單位	庫房
追加作業	①②③④ 追加科單 填寫	簽核	簽核	簽核	發料
	①		②	③	④

案例 紡織公司物料發放改善實例

1.現況

物料庫分為總庫與分庫(各廠之專用物料庫)及專用物料庫。

專用物料庫儲存原料，其餘物料儲存於總庫或分庫。總庫督導所有物料之儲存保管。各廠之常用物料，擺置於各廠之小庫，其擺置之種類與數量依小庫之實際儲存考慮，擺不下之物料仍舊擺置於總庫，而小庫依實際情況到總庫領料。

小物料庫內備置「用料登記卡」，領用人員按實際需用量領料，並同時確實登記用量。

不儲存於小庫之物料，由現場工作人員填領料單，經單位主

管(組長或課長)簽核至總庫領料。

物料之擺置是依廠課與機器類別分類儲放。除少數特殊物料外均以料架儲放之。

現行領料作業之程序圖如下：

(1)常用物料之領業作業程序圖：

圖6-9 常用物料的領業作業程序圖

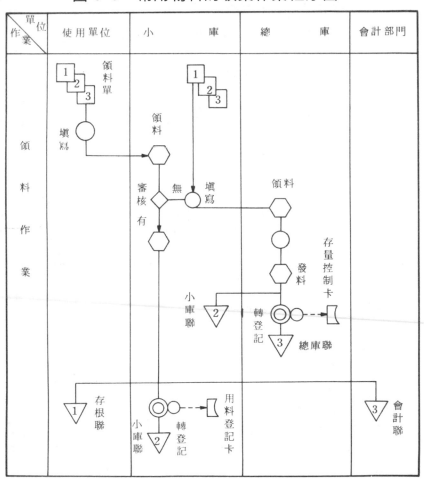

⑵非常用物料之領料作業程序圖

圖 6-10　非常用物料的領料作業程序圖

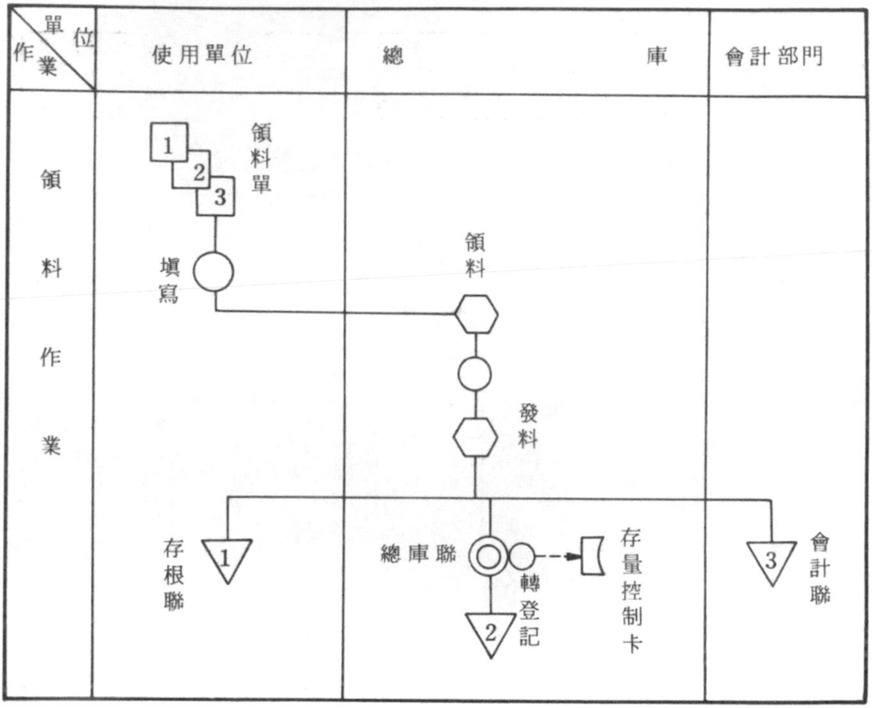

2.現況缺點與改善原則

⑴小庫又要領料又要發料，浪費人力，且往往發生人力不足之現象，因此擬將小庫之領料改為配料。

⑵擺置之方法不盡理想，擬將常用物料擺置於料架之中層，以節省時間。

⑶擬將各廠之專用物料全部儲放在各廠之小庫，並將控制業務交由小庫自行負責，非專用物料中之常用物料依原來之儲存方法儲存於總庫，但小庫不用自行領料，僅總庫按時配料。

3.改善辦法

(1)領料作業流程圖如下：

圖 6-11　領料作業流程圖

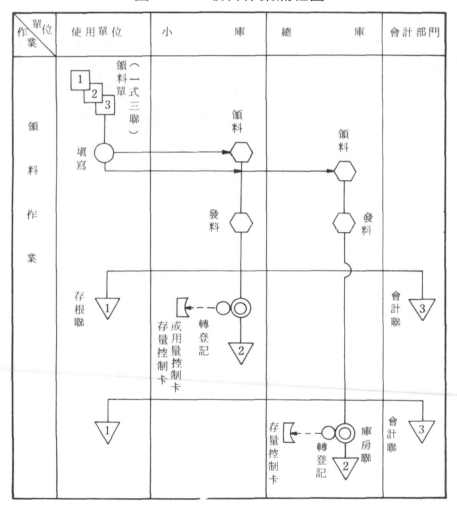

程序說明：

①使用單位填寫料單一式三聯。

②依領料單向庫房領料，若所屬之小庫存有此物(該廠之專用物料或常用物料)即向小庫領料，否則向總庫領料。

③庫房依領料單發料，完畢後將此資料轉登記於存量控制卡或用料登記卡，再將領料單之會計聯送至會計處，庫房聯，留庫房備查，存根聯送回使用單位。

圖 6-12　配料作業流程圖

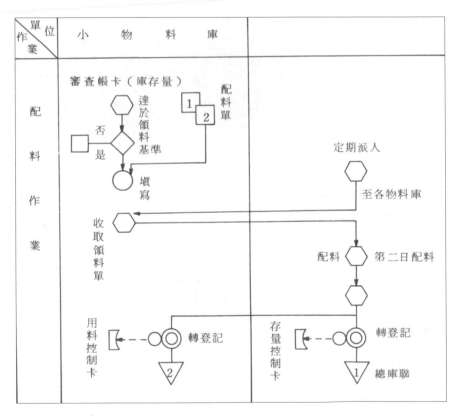

(2)各分庫常用物料之配料作業流程

①每三日配料一次。

②以三天之平均用量為配料基準。

③各小庫以配料控制卡控制，此類物料降至配料基準，即填置配料單。

④總庫收取配料單後，當日裝料，第二日配料，且在配料時順便收回配料單。

(3)未檢收之領料作業流程

因緊急用料，無法及時驗收完畢，可先行使用，其作業程序如下：

①使用單位填寫領料單，單據需附註「未驗收領料」。

②領料單之會計聯暫存於庫房，該批物料驗收完畢後，與驗收單一同送至會計部門，會計部門再同時入賬。

③其他作業與正常領料相同。

(4)單據：領料單，用料登記卡與配料單。

心得欄

第 **7** 章

物料管理的半成品收發退回

一、半成品入庫的控制流程

1. 目的

對半成品的入倉進行適當控制，防止品質發生變異。

2. 適用範圍

適用於本公司生產的半成品(不包括外發加工的半成品)

3. 職責

(1)半成品生產部：負責半成品的生產與入庫工作。

(2)品管部：負責半成品的檢驗與試驗工作。

(3)貨倉部：半成品的入庫接收工作。

4. 工作流程

(1)半成品生產：半成品生產部門嚴格按照有關規程進行生產，並經品管部 IPQC 組制程檢驗合格。

(2)半成品檢驗。

①生產部門組長開出《半成品入倉單》，送至品質稽核員處。

②經品質稽核員(QA)核查合格後，貼上《QC PASS》標籤，並在《半成品入倉單》簽名。

⑶半成品入倉。

①半成品生產部門的物料人員將單和貨一起送至半成品倉庫。

②半成品貨倉管理人員即著手安排貨倉物料人員按 2%～5%抽點單位包裝數量，並在抽查箱面上註明抽查標記。

③數量無誤後，貨倉管理人員在《半成品入倉單》上簽名，各取回相應聯單，將貨收入指定倉位，掛上《物料卡》。

⑷賬目記錄：貨倉管理人員及時做好半成品的入賬手續。

⑸表單的保存與分發：貨倉管理員將當天的單據分類歸檔或集中分送到相關部門。

5. 流程圖

圖 7-1　半成品入庫的控制流程圖

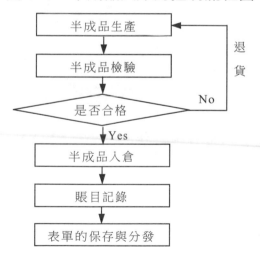

6.相關文件

⑴制程檢驗與試驗控制流程。

⑵不合格品的控制流程。

7.相關表單

⑴QC PASS 標籤。

⑵半成品入倉單。

⑶物料卡。

二、半成品出庫的控制流程

1.目的

對半成品的出倉進行適當控制,防止品質發生變異。

2.適用範圍

適用於本公司生產的半成品(不包括外發加工的半成品)。

3.職責

⑴計劃物料控制(PMC)部計劃(PC)組:生產指令的下達

⑵PMC 部物料控制(MC)組:半成品發放指令的下達。

⑶貨倉部:半成品的發放工作。

⑷生產部:半成品的接收工作。

4.工作流程

⑴下達生產命令。

①計劃部門根據《週生產計劃》和物料控制部提供的物料齊備資料簽發《製造命令單》給物料控制部。

②物料控制部門根據《製造命令單》開列《半成品發料單》,並分別派發至生產部門和貨倉部門。

⑵半成品發放。

①貨倉管理員接收到《半成品發料單》後，首先與 BOM 核對，有誤時應及時通知物料控制開單人員，直至確認無誤後將《半成品發料單》交給貨倉物料員發料。

②物料員點裝好料後，及時在《物料卡》上做好相應記錄，同時檢查一次《物料卡》的記錄正確與否，並在《物料卡》簽上自己的名字。

⑶半成品交接：物料員將料送往生產備料區與備料員辦理交接手續，無誤後在《半成品發料單》上各自簽名，並取回相應聯單。

⑷賬目記錄：貨倉管理員按《半成品發料單》的實際發出數量入好賬目。

⑸表單的保存與分發：貨倉管理員將當天有關的單據分類整理好存檔或集中分送到相關部門。

5. 流程圖

圖 7-2　半成品出庫的控制流程圖

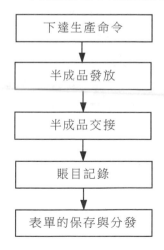

下達生產命令

半成品發放

半成品交接

賬目記錄

表單的保存與分發

6. 相關文件

生產計劃控制流程。

7. 相關表單

⑴製造命令單。

⑵半成品發料單。

⑶物料卡。

三、半成品的退料補貨控制流程

1. 目的

對本公司半成品退料補貨進行控制，確保退料補貨能及時滿足生產的需要。

2. 適用範圍

適用於本公司因訂單變更超發及不良半成品的退料補貨。

3. 職責

⑴貨倉部：負責半成品退料的清點與入庫工作。

⑵品管部：負責半成品退料的品質檢驗工作。

⑶生產部：負責半成品物料退貨與補料工作。

4. 工作流程

⑴退料匯總：生產部門將不良半成品分類匯總後，填寫《半成品退料單》，送至品管部。

⑵品管鑑定：品管檢驗後，將不良品分為制損、來料不良品與良品三類，並在《半成品退料單》上註明數量。對於超發半成品退料時，退料人員在《半成品退料單》上備註不必經過品管直接退到貨倉。

⑶半成品退貨：生產部門將分好類的半成品送至貨倉，貨倉管

理人員根據《半成品退料單》上所註明的分類數量，經清點無誤後，分別收入不同的倉位，並掛上相應的《物料卡》（有關作業參考《不合格品控制流程》）。

⑷補貨：因退料而需補貨者，需開《半成品補料單》，退料後辦理補貨手續。若半成品存貨不夠補貨者，需立即通知物料控制部門和半成品生產部門，以便及時安排生產。

⑸賬目記錄：貨倉管理員及時將各種單據憑證入賬。

⑹表單的保存與分發：貨倉管理員將當天的單據分類歸檔或集中分送到相關部門。

5. 流程圖

圖 7-3　半成品的退料補貨控制圖

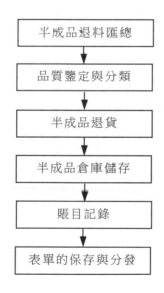

6.相關文件

不合格品的控制流程。

7.相關表單

⑴半成品退料單。

⑵半成品補料單。

⑶物料卡。

案例 電子工廠退料繳庫的實例

某電子工廠於生產過程中，在工作現場必會產生一些對生產功能沒有幫助之物料，為使製造現場保持井然有序，實有必要將此類物料盡速繳回庫房。

此類物料不外下列四種：規格不符之物料、超發之物料、呆、廢料。另外當產品完成後，若無法直接自生產場所直接運洽客戶，則產品通常亦須辦理繳庫作業。

各工廠(分工廠)間之物料轉移謂之轉撥，在一般工廠中，半成品通常不繳回庫房，而直接由生產工廠交給下一個加工工廠，此類作業即謂之轉撥作業。

1.現況缺點

目前繳庫作業分成品繳庫，餘料繳庫，退貨繳庫，超發品繳庫。

無詳細規章，作業人員憑經驗處理業務，因而若牽涉到重大責任之事務時互相推委，無人主動擔當任務，其中以成品與顧客退貨之繳庫作業最為嚴重。

2.改善辦法

(1)繳庫(轉撥)作業分為：

①成品繳庫。

②半成品繳庫(轉撥)。

③超發物料之繳庫(退料作業)。

④客戶退貨之繳庫(轉撥)。

⑤場庫呆料之繳庫。

⑥廢料之繳庫(轉撥)。

(2)成品繳庫：各工廠生產之成品，於完工後仍未交與客戶者，工廠應於一星期內辦理繳庫作業，填制繳庫單(退料單)，洽庫房接運入庫。若客戶直接由工廠提貨，則業務科辦理轉撥作業，須填制轉撥單，將成品點交業務課，並依轉撥單，繳庫單辦理工令結報。

(3)半成品繳庫，各工廠相互支持之半成品，原則上直接將其轉撥給使用工廠(填制轉撥單)，但若使用工廠無法擺置，則須辦理繳庫作業。

(4)超發物料之繳庫(退料作業)：

①工令完成後不再用之餘件，工廠應於三天內辦理繳庫作業，填制繳庫單(退料單)，洽庫房回運入庫。

②凡工令當月不能完成者，於辦理繳庫作業時僅做轉賬作業，由工廠同時填制繳庫單(退料單)與領料單，而物料不運回庫房。

③工令結束後，仍有餘件，但其餘料為次一工令之原料，則不辦理繳庫作業，庫房僅暫時登記其數量，而於主動撥料時扣除之。

(5)客戶之退貨：客戶退貨由業務課簽收，依實際狀況暫存於

庫房或場庫由業務課協調技術課，生產工廠，物管課會同鑑定，分退貨商品為：可再生廢品、不可再生廢品及可重加工品，簽核後再由業務組辦理下列手續：

①可再生之廢品：辦理辦撥作業，將其轉撥至廢料處理場。

②不可再生之廢品：辦理廢料繳庫作業。

③可重加工者：協調工務課由原生產工廠檢查再制。

(6)各部門於辦理物料繳庫時應依據下列流程圖與程序說明執行。

圖 7-4　各部門辦理物料繳庫流程圖

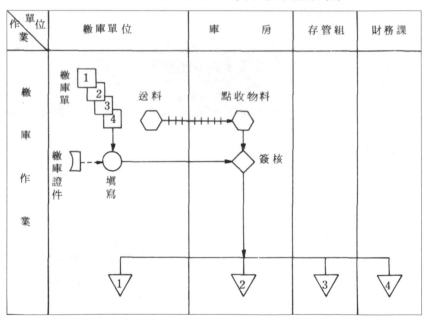

①繳庫單位於物料繳庫時應依據，繳庫證件第(1)、(2)、(3)類物料依據工令，第(4)類依據退貨單，第(5)、(6)類依據呆、廢料處理單，填寫繳庫單，一式四聯。

②庫房依繳庫單查驗物料情況與數量無誤，蓋章簽核後，留存第 2 聯，並將 1、3、4 聯依序分送繳料單位，存管組，財務課。

③各單位接獲單據後，應依繳庫單之內容轉登記入料賬註明客戶之退貨；繳料單位為業務課。

(7)場庫之廢料：場庫中之物料若經認定核判為呆料，則需於三天內辦理繳庫作業。將呆料繳回庫房。

(8)廢料：凡工廠加工過程產生之殘餘物料，不堪加工者，均稱之為廢料，各工廠需將所有廢料轉撥廢料處理場，廢料處理場將能再生之廢料，加工做成再生料，而無法再生之廢料辦理繳庫作業。

(9)不可再生之廢料與殘料，依儲存數量之狀況，每隔一段期間由供應組與業務課協調辦理公開招標。但若無市場價值，則簽項目辦理銷毀。

心得欄

第 **8** 章

物料管理的成品收發退回

一、人員進出倉庫的管理辦法

1. 除物料擔當人員和搬運人員外，其他人員未經批准，一律不得進入倉庫。

2. 嚴禁任何人在進出倉庫時私自攜帶物料。

3. 遇有來賓視察時需在主任級別以上的人員陪同下方可進入倉庫。

4. 倉庫安全，人人有責，任何人不得做損害安全的行為。

5. 倉庫的消防系統由行政部的總務組負責維護，並按月別進行檢查、確認。

6. 遇有在倉庫從事電焊等高危度作業時必須有關聯部門主管的批准，並在確認防護措施完好後方可開始作業。

7. 倉庫重地、嚴禁煙火，任何人不得攜帶火源、火種進入庫區。

8. 倉庫的建築設施由行政部後勤課負責維護，如：防風暴、防雨水、防鼠及蟲害等事務要定期檢討，消除隱患。

9. 嚴格落實防盜措施，凡有門鎖的庫房人員離開時必需加鎖，鑰匙統一放在辦公室保管。授權的密碼要妥善管理，嚴禁對未授權人員傳授密碼。

10. 倉庫的內部保安人員要嚴格執行放行制度，及時做好必要的記錄，對發出的大宗物料或比較貴重的物料，有責任查看出庫憑證。

11. 嚴禁在場物料資料庫的專用電腦上從事其他業務，任何人查詢資料完畢時必須及時退出系統，嚴防病毒侵襲和非法操作。

二、成品入庫的控制流程

1. 目的
對成品的入倉進行適當控制，防止品質發生變異。

2. 適用範圍
適用於本公司生產的最終成品。

3. 職責
⑴成品生產部：負責成品的生產與入庫工作。

⑵品管部：負責成品的最終檢驗與試驗工作。

⑶貨倉部：成品的入庫接收工作。

4. 工作流程
⑴成品生產：半成品生產部門嚴格按照有關規程進行生產，並經品管部 IPQC 組制程檢驗合格。

⑵成品檢驗：

①生產部門組長開出《成品入倉單》，送至品質稽核員處。

②經品質稽核員(QA)核查合格後，貼上《QC PASS》標籤，並在《成品入倉單》簽名。

⑶成品入倉：

①成品生產部門的物料人員將單和貨一起送至成品倉庫。

②成品貨倉管理人員即著手安排貨倉物料人員檢查數量。

③數量無誤後，貨倉管理人員在《成品入倉單》上簽名，各取回相應聯單，將貨收入指定倉位，掛上《物料卡》。

⑷賬目記錄：貨倉管理人員及時做好成品的入賬手續。

⑸表單的保存與分發：貨倉管理員將當天的單據分類歸檔或集中分送到相關部門。

5.工作程序圖

圖 8-1　工作程序圖

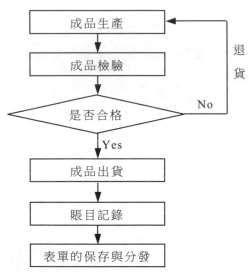

6.相關文件

⑴制程檢驗與試驗控制流程。

⑵不合格品的控制流程。

7.相關表單

⑴IQC PASS 標籤。

⑵成品入倉單。

⑶物料卡。

8.成品入庫的作業流程圖

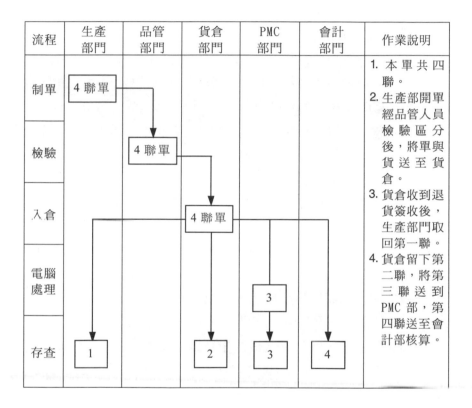

流程	生產部門	品管部門	貨倉部門	PMC部門	會計部門	作業說明
制單	4 聯單					1. 本單共四聯。 2. 生產部開單經品管人員檢驗區分後,將單與貨送至貨倉。 3. 貨倉收到退貨簽收後,生產部門取回第一聯。 4. 貨倉留下第二聯,將第三聯送到PMC部,第四聯送至會計部核算。
檢驗		4 聯單				
入倉			4 聯單			
電腦處理				3		
存查	1		2	3	4	

三、成品出庫的控制流程

1.目的

對成品的出倉進行適當控制,防止成品品質出貨前發生變異。

2.適用範圍

適用於本公司生產的最終出貨成品。

3. 職責

⑴計劃物料控制(PMC)部：成品出貨指令的傳達。

⑵貨倉部：成品的發放工作。

⑶品管部：成品出貨前的檢驗工作。

4. 工作流程

⑴出貨指令下達：PMC 部根據《月出貨計劃》和報關、船務、商檢等部門的單證備齊情況，將營業部的《提貨單》轉發至貨倉部門，並在出貨前 4 小時通知品管部 OQC 組。

⑵出貨檢驗：OQC 組接到 PMC 部門的通知後，即著手對出貨成品進行檢驗，並在出貨前完成檢驗工作。

⑶成品出倉：

①貨倉管理員接收到《提貨單》後，開出《成品出倉單》，經主管簽字認定。

②貨櫃到後，貨倉部出貨人員核實貨櫃各種單證後，品管部 OQC 組也抽一人監督成品出貨，防止數量和品質異常事故的發生。

③對於因各種原因發生成品入不完貨櫃者，須提供櫃尾照片，並填寫《成品入櫃異常報告》一併交營業部和 PMC 部。

④裝完貨櫃後，OQC 在《成品出倉單》簽字，貨倉管理人員到行政部門領《開門放行條》經貨倉主管、PMC 主管簽名後，交與司機，成品出貨人員將其他單證交與有關人員。

⑤成品出貨人員須詳細填寫《裝櫃資料單》。

⑷賬目記錄：貨倉管理員按《成品出倉單》的實際發出數量入好賬目。

⑸表單的保存與分發：貨倉管理員將當天有關的單據分類整理好存檔或集中分送到相關部門。

5. 工作程序圖

圖 8-2　工作程序圖

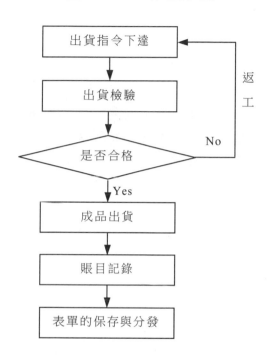

6. 相關文件

⑴生產計劃控制流程。

⑵成品最終檢驗與試驗控制流程。

7. 相關表單

⑴月出貨計劃表。

⑵提貨單。

⑶成品出倉單。

⑷成品入櫃異常報告

⑸裝櫃資料表。

案例 木製品公司的存貨內控失效

　　合信木製品公司是一家外資企業。從 1999 年至 2004 年每年的出口創匯位居全市第三，年銷售額達 4300 萬元左右。2005 年以後該企業的業績逐漸下滑，虧損嚴重，2007 年破產倒閉。這樣一家中型的企業，從鼎盛到衰敗，探究其原因，不排除市場同類產品的價格下降，原材料價格上漲等客觀的變化。但內部管理的混亂，是其根本的原因，在稅務部門的檢查中發現：該企業的產品成本、費用核算的不準確，浪費現象嚴重，存貨的採購、驗收入庫、領用、保管不規範，歸根到底的問題是缺乏一個良好的內部控制制度。這裏我們主要分析存貨的管理問題：

　　董事長常年在國外，材料的採購是由董事長個人掌握，材料到達入庫後，倉庫的保管員按實際收到的材料的數量和品種入庫，實際的採購數量和品種保管員無法掌握，也沒有合約等相關的資料。財務的入賬不及時，會計自己估價入賬，發票幾個月以後，甚至有的長達 1 年以上才回來，發票的數量和實際入庫的數量不一致，也不進行核對，造成材料的成本不準確，忽高忽低。

　　期末倉庫的保管員自己盤點，盤點的結果與財務核對不一致的，不去查找原因，也不進行處理，使盤點流於形式。

　　材料的領用沒有建立規範的領用制度，車間在生產中隨用隨領，沒有計劃，多領不辦理退庫的手續。生產中的殘次料隨處可見，隨用隨拿，浪費現象嚴重。

【案例剖析】

從企業失敗的原因看：

該企業基本沒有內控制度，更談不上機構設置和人員配備合理性問題。在內部控制中，對單位法定代表人和高管人員對實物資產處置的授權批准制度作出相互制約的規範，非常必要。對重大的資產處置事項，必須經集體決策審批，而不能搞一言堂、一隻筆，為單位負責人企圖一個人說了算設置制度上的障礙。

企業沒有對入庫存貨的品質、數量進行檢查與驗收，不瞭解採購存貨要求。沒有建立存貨保管制度，倉儲部門將對存貨進行盤點的結果隨意調整。採購人員應將採購材料的基本資料及時提供給倉儲部門，倉儲部門在收到材料後按實際收到的數量填寫收料單。登記存貨保管賬，並隨時關注材料發票的到達情況。

沒有規範的材料的領用和盤點制度，也沒有定額的管理制度，材料的消耗完全憑生產工人的自覺性。應細化控制流程，完善控制方法。我們知道，單位實物資產的取得、使用是多個部門共同完成的採購部門負責購置，驗收部門負責驗收，會計部門負責核算，使用部門負責運行和日常維護，可以說，實物資產的進、出、存等都有多個部門參與，為什麼還會出現問題？由此看來，不是控制流程不完備就是控制方法沒發揮作用。一個人、少數幾個人想要為所欲為，在制度面前就根本不可行，除非他買通所有的人。

存貨的確認、計量沒有標準，完全憑會計人員的經驗，直接導致企業的成本費用不實。正是因為這些原因導致一個很有發展前途的企業最終失敗。

第 9 章

物料管理的庫存 ABC 管理法

一、什麼是庫存 ABC 管理法

　　庫存 ABC 管理法起源於義大利經濟和社會學家 PARETO 的社會財富分佈研究理論，他分析發現：少數人擁有和控制著社會財富總量的絕大部份，而多數人卻只佔有少量財富。他們之間的比例大概是 2：8。後來，人們發現這種規律廣泛的存在於各個領域，如生產與作業管理中的庫存控制、設備管理、質量控制以及成本控制等。因此，就誕生了庫存 ABC 管理法。

　　庫存 ABC 管理法的精髓就是：控制關鍵的少數和次要的多數。

　　庫存 ABC 管理法是對企業庫存的物料、在工品、完成品等，按其重要程度、價值高低、資金佔用或消耗數量等進行分類和排序，以分清主次、抓住重點，並施以不同的管理、控制方法的倉庫管理手法。

　　實施庫存 ABC 管理法的目的就是有效地控制庫存的規模。它把企業的物料分成了 3 種類別，即：

1. A 類物料：關鍵的少數類物料；

2. B 類物料：比較次要且數量較多數類的物料：

3. C 類物料：次要的多數類物料；

通過找出關鍵的少數 A 類物料和次要的多數 B、C 類物料，然後進行重點控制，以達到有效管理庫存量的目的。

二、ABC 管理法的分類

1. ABC 分類的意義

天下事雖繁多，然其重要者所佔之比率甚低，一般工廠之物料，若欲使其管理上軌道，則只有把握重點，採用所謂之重點管理依此觀念，發展出了 ABC 物料管制理論。此理論認為工廠之物料，若加以分類，可發現少量的項目佔了很大的耗用金額。因此，如果對每一種物料，不管其使用的金額多大，都採用相同的管理方式，必定會發生不合理的現象，而造成徒勞無功。換言之，即存貨當中有些項目要比其他項目重要，而這些重要的項目，通常又為所有存貨項目總數的小部份。所以若欲使有限的時間和人力作更有效的利用，就應該將重點置於這些「重要的少數項目」。而施於嚴密的控制方式，此類物料即為 A 類物料，而對於「不重要的少數項目」，則可採取較為鬆懈的管理方式，此類物料劃為 C 類，介於兩者之間即為 B 類物料。

ABC 分析法中最重要的關鍵是：究竟應在何處訂出 ABC 各類物料之界限，其劃分並無一定的規則，因每個公司對於各類物料，各有其價值與項目不同之比率。不過其曲線之趨勢則相似。一般而言，ABC 分析法界限的選擇，以曲線轉變最快的點為分界點。

2. ABC 分析法的步驟

ABC 分類之步驟如下：

⑴製作 ABC 分析卡，將物料名稱（代號）規格，單價及年使用量等詳細填入 ABC 分析卡。

⑵求出每年耗用金額=單價×每年預計使用量。

⑶將分析卡按耗用金額之大小，由大至小順序排列。

⑷依 ABC 分析卡將各項資料轉記分析表內（依分析卡之順序由大至小）。

⑸計算各類物料每年累積使用金額及其所佔百分比。

⑹計算物料項數目百分比。

⑺根據分析表之累積百分比，按實際情形找出分界點。分類的等級可按事實的需要決定。

⑻製作 ABC 分析圖，以橫坐標表物料項數累積百分比，縱坐標表耗用金額累積百分比。

3. ABC 分類的差別管理方法

一般工廠對此三大類物料處理之原則如下：

(1) A 類物料的管理

A 類物料在品種數量上僅佔 15%左右，如能管好它們，就等於管好了 70%左右消耗金額的物資。

勤進貨。最好買了就用，用了再買。這樣庫存量自然會降低，資金週轉率自然會提高。

勤發料。每次發料量應適當控制。減少發料批量，可以降低二級倉庫的庫存量，也可以避免以領代耗的情況出現。當然，每次發料的批量應滿足生產上的方便與需要。

瞭解需求的動向。即要對物料需求量進行分析，弄清楚那些是日常需要，那些是集中消耗。

恰當選擇安全系統，使安全庫存量盡可能減少。

與供貨廠商密切聯繫。要提前瞭解合約執行情況、運輸情況等。要協商各種緊急供貨的互惠方法，包括補貼辦法。

(2) B 類物料的管理

B 類物料的狀況處於 A 類、C 類之間。因此，其管理方法也介乎 A 類、C 類物料的管理方法之間，採用普通的方法管理，或稱常規方法管理。

(3) C 類物料的管理

C 類物料與 A 類物料相反，品種數眾多，所佔消耗金額卻很少。這麼多品種，如果像 A 類物料那樣逐項加以認真管理，費力不小，經濟效益卻不大，是不合算的。C 類物料管理的原則恰好和 A 類相反，不應投入過多管理力量，寧肯多儲備一些，以便集中力量管理 A 類物料。由於所佔消耗金額非常少，多儲備些也不會增加多少佔用金額。

三、庫存 ABC 管理法的操作步驟

(1)物料分類的依據是物料的價值或其百分比，其計算方法如下：

物料的價值＝年需要量×單價

價值的百分比＝單元價值÷總價值

品種的百分比＝品種數量÷總的種類量

(2)物料的分類的範圍既可是全部的物料，也可以是部份區域的物料，可以根據實際需要進行選擇。

(3)物料的分類的品種可以是單件物料，也可以是元件物料，關鍵是要看物料的性質和其來料方式以及實際操作的方便性。

(4)物料分類是在物管課長的負責下由物料管理部門完成的，必

要時可邀請技術工程師和採購人員協助。

⑸庫存 ABC 管理法可以按層次分，也就是在第一層的 ABC 分類的基礎上可以再往下細分。如在 A 類物料中，可以再分出其內部的 ABC 的種類，實行小範圍的進一步分類控制。

圖 9-1　ABC 管理法的操作步驟

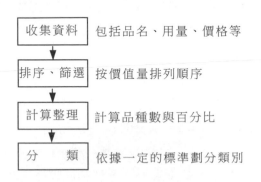

收集資料 — 包括品名、用量、價格等

排序、篩選 — 按價值量排列順序

計算整理 — 計算品種數與百分比

分　類 — 依據一定的標準劃分類別

四、ABC 管理法中常用的分類標準

⑴制定按 ABC 管理法分類後的物料清單，分發採購、物料控制、物管和倉庫等關聯人員使用。

⑵庫存 ABC 管理法的物料分類清單應適時調整或重新計算，重新計算的時間間隔一般是一年，當然，如果不怕麻煩也可以短一點。

表 9-1　物料的 ABC 類別分類表

序號	類別	品種(%)	價值(%)	備註
1	A 類	10～15	70～80	
2	B 類	20～35	15～20	
3	C 類	50～70	5～10	

　　ABC 分類一般是以庫存物料價值為基礎的，並不能完全反映庫存單元對企業效益的貢獻，也不能說明生產、經營對庫存單元需求的緊迫性。值得說明的是對物料進行的 ABC 類劃分並不是絕對的，也沒有什麼固定的原則，而是要根據企業的實際情況綜合性的靈活處理。例如，下面的一些物料就是這樣的情況：

　　(1)供應期相對比較長的物料；

　　(2)受季節變化影響大的物料；

　　(3)產品改進時急需的物料；

　　(4)市場上比較稀缺的物料；

　　(5)保質期很短的產品；

　　(6)某些專用的特殊物料。

五、實施物料控制的目視化管理

　　目視化管理在於做到發現問題、顯現問題，人人皆知、人人都會用。這樣可以反映企業管理水準，使企業管理達到透明化、視覺化、標準化。

1. 倉點陣圖的實施

　　稍有規模的企業倉庫所存放的物料，大都有上千種之多。要在這上千種物料當中去找一樣東西，除非對各種物料的儲放位置瞭若指掌，否則會非常的困難。但若事事依賴熟手，肯定會有不少麻煩。因為，人難免會生病、調動，到時接替或代理的人，自然工作效率跟不上。所以採用讓每一個人都能很快地進入狀態的目視管理看板——也就是在倉庫的入口處，設置一面大看板，將全倉庫的位置圖標示在這面看板上。這樣任何人要到倉庫內取放物料，只要在大看板前看一眼，就知道物料的位置。

圖 9-2　倉庫佈局圖示

倉庫佈置區域圖　　　　　倉庫區域對照圖

區域	品名
A1	彈簧
A2	螺帽
A3	
A4	
A5	
…	

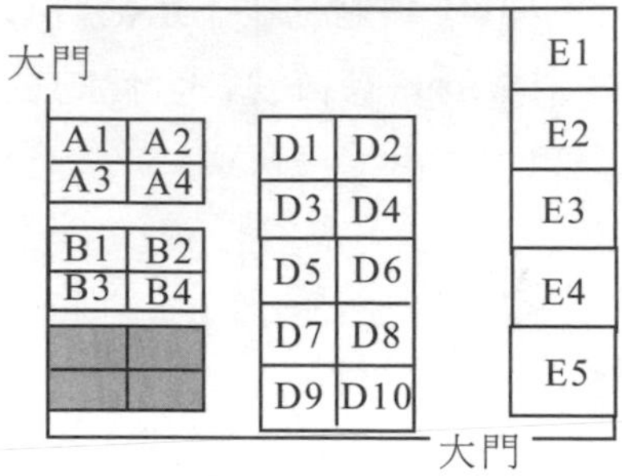

大門

A1	A2
A3	A4

B1	B2
B3	B4

D1	D2
D3	D4
D5	D6
D7	D8
D9	D10

E1
E2
E3
E4
E5

大門

　　若倉庫實在太大，或存放的東西太多了，一面大看板是無法將整個倉庫內的實景全部反映出來的，只能發揮大方向的功能。這時，就得借用小看板來補足大看板。也就是在倉庫內的架子或是區域上，再設置一面小看板，把該架子或是區域內所放置的東西，按照儲位把它們給標示出來，以便於取放物料。

2.容器外貼標籤的實施

　　一般倉庫管理人員會在容器外，貼上一張標籤來說明容器內的物料。這是一種非常好的方法。但是，當時間久了，或是倉庫管理人員辭職、調動而調來新手時，僅憑標籤上的說明文字，並不容易掌握容器內的東西。

　　所以，若在每一個容器外貼上一個容器內所放置的物料，當作辨識用的樣品，則更容易做好倉庫管理，不易出錯；尤其是管理那些小零件以及呆滯料。

3.位置代號的實施

　　運用位置代號也就是在每一個放置物料的位置，編上一個位置代號。有了這個代號後，不但可以便於拿取，同時，要送回倉庫或是要補新貨時，也非常容易找到其位置。

(1)編排方式。位置代號的編排方式並沒有一定的標準，但是，不管用什麼樣的方式來編排，應遵循簡單、易懂、有順序的原則：

①「簡單」，就是不複雜，一般人不需要特別的訓練，就能運用自如。

②「易懂」，指的是這種用法很容易為員工所瞭解。

③「有順序」，是指很容易掌握住它們之間的先後關係，而有助於對全盤的瞭解與控制。

(2)編碼原則。一般多利用阿拉伯數字來組合。例如，某物品是放在第 2 個架子第 5 層的第 6 個位置上，則用 256 來代表。

4.紅線限制庫存的實施

企業在物料管理上，會規定一個最高存量的上限，有助於對存量的掌控的。可是，倉管人員如何去掌控存量？如何檢查有沒有徹底執行？

許多企業運用畫紅線的方法來掌握，這很有效，什麼是「紅線管理」呢？許多電影院、游泳池規定小孩身高超過 110cm，就需買門票。所以在入口處的牆柱上，在 110cm 的高度處畫上一道紅線。售票員就是憑這道紅線，以目視的方法來判定這個孩子需不需要買票。

把這樣的「紅線管理」應用在物料最高存量的掌控上，假設規定「A」這種物料的最高存量不能超過 10 包，則在放置「A」的位置的牆柱或是料架邊，在第 10 包的高度畫上一道紅線。只要「A」這種物料的庫存超過 10 包的話，就會把這條紅線給蓋住了，表示這種物料的存量已超過上限。

5.呆滯料看板的實施

對於呆滯料的控制，應預防在先。而最好的辦法是設置一面呆滯料管理看板。

將這些呆滯料集中管理。若分散管理的話，很多人根本不會去

管理；其次，在這些呆滯料前設置一面呆滯料管理看板。在這面看板上，標示該批呆滯料的品名、規格、數量、有效日期，等等，讓有關人員可通過這面看板瞭解呆滯料的狀況，從而給予必要的協助。

6. 隨貨看板的實施

多數工廠對生產線上物料的供應採取領料或發料的方式。

⑴領料方式，就是製造部門現場人員按照生產計劃，在某項產品製造之前填寫「領料單」將所需的物料給領回來；發料方式，就是由倉庫的有關人員，根據生產計劃將各個製造部門所需要的物料直接送到生產線上。

⑵若採用領料方式，則每個製造部門需配置一名領料人員。但這種工作往往是兼任居多，在管理上，要避免該員工因工作繁雜而耽誤領料的進程，造成生產斷線或不便。同時，為了配合作業，各工序或操作人員旁往往也需準備一處較大的待用物料放置區，來存放領回來的備用物料。以上這些情形，多多少少都會徒增管理成本。

⑶若是採用發料方式，則可以比較節省成本。因為各工序或生產線不需專門配備一名領料人員，而改由倉庫的專人來處理。這樣，克服了領料方式上所可能遇到的等待、走動、空間浪費，等等，只要調度得當，就可以避免。但是，發料方式是以少數人來應付多數需求，所以，一旦聯繫不好、供料數量不夠或不及時則肯定會影響到生產線的工作效率，此時借用缺料指示燈號及隨貨看板方法，就可以避免這方面的問題。

7. 缺料指示燈

缺料指示燈號可傳遞生產線缺料的信息，倉管人員可立即進行補料。當某一條生產線的物料快要用完時，作業人員只要按一下通知鈕，缺料的信息就會通過缺料指示燈號馬上傳至倉庫。當倉管人員得知某條生產線需要補充物料時，立即以最快的速度把所需的料

給送過去。當然，為了爭取時效，倉管人員必須依生產計劃事先把當天各生產線所需的物料備妥，再來等待各生產線的信號。但是，倉庫往往同時要供應廠內所有生產線的各種物料，為避免弄錯，應在備妥的每一批貨上掛上一面隨貨看板，把這批貨的內容及生產線名給標示出來。這樣，倉管人員就很容易通過看板上的標示，準確地進行送貨了。

8.利用有顏色的打包帶來辨識

有些貨品不方便標示標籤，可改用有顏色的打包帶，要求供應商根據其生產日期的月份，採用不同顏色的打包帶來打包，這樣可以依打包帶的顏色來執行倉庫先進先出。不同生產日期的月份用不同顏色的打包帶，也方便倉庫執行先進先出！

9.利用有顏色的膠布來辨識

要求供應商在封箱時，採用不同顏色（代表不同月份）的膠布來封箱，也可以發揮和有顏色的打包帶一樣的辨識功能。

顏色運用在物料先進先出方面，最好由企業統一規定各顏色代表的月份，如白色代表 1 月、5 月、9 月，綠色代表 2 月、6 月、10 月，黃色代表 3 月、7 月、11 月，藍色代表 4 月、8 月、12 月，同時告知供應商，以便讓倉管人員不用記憶就知道不同材料的出庫順序。

現在的封箱帶不僅有各種顏色，而且有各種樣式，可以根據其顏色或樣式來為不同月份的產品封箱。

10.運用交貨狀況看板掌握出貨狀況

已經備妥的貨，要送交給那些客戶？而這些貨，是否已經如期交付？可設置一個「交貨狀況看板」，讓有關部門將最新的狀況自主地反映在這個看板上。

11.虹吸管原理

一般工廠都用密封的鐵桶來儲存油料，因此，很不容易掌握住這些桶內油料的存量到底還有多少，什麼時候需要再補充。但如果在每一個油桶上，割出一個長條狀，加上一個可以看的到裏面存量的玻璃視窗，或是外接出一條透明的管子（管子要用耐酸鹼的材質），利用虹吸管的原理，可以從這條管子上，看出目前容器內的油的存量還有多少。如果在玻璃視窗或管子上，畫上一道紅線，標示最適訂購點的位置，則能更容易地掌握住這個桶內油料補充的時機了。

 案例 **ABC 分類法的實例**

工廠的物料項數有 2360 項，全年之耗用金額 1600 多萬元。依 ABC 分析法原則，分析其耗用價值，將該廠物料年耗用價值在 1 萬元(含 1 萬元)以上的物料分為 A 類，年耗用價值在 1000 元(含 1000 元)至 1 萬元之間的物料分為 B 類，年耗用價值 1000 元以下的物料分為 C 類，其結果如表 9-2 所示。

表 9-2 物料耗用價值分析表

類別	項數	項數比率	耗用金額	耗用金額比率
A 類	220	9.3%	13666548	84.0%
B 類	541	22.9%	1809005	11.1%
C 類	1599	67.8%	799500	4.9%
總計	2360	100%	16275053	100%

　　由表中可看出 A 類物料耗用金額最多，佔全部耗用金額之84.0%，但項數僅佔 9.3%，此為最重要之物料必須施以嚴密之控制，以降低庫存量減少庫存投資。而 C 類物料佔總項數之 67.8%，但其耗用金額只佔 4.9%，對於這些物料只須略予控制即可，B 類物料則介於兩者之間。

　　由上以物料耗用價值分析之結果，再考慮物料特性，將物料劃分為主要項目(A 類)，次要項目(B 類)，低值項目(C 類)等三大類。

　　××公司成品按××年度各產品種類之年銷額依序排列，其情形如表 9-3。

表 9-3　年度成品種類銷售統計表

項次	成品名稱	銷售金額	百分比%	累計百分比%
1	A 級瓦楞蕊紙	88551889	40.20	42.20
2	B 二號牛皮紙板	69016912	31.33	71.53
3	三號牛皮紙板	44297326	20.11	91.64
4	B 三號牛皮紙板	11878869	5.39	97.03
5	一號牛皮紙板	5994435	2.72	99.75
6	防水瓦楞蕊板	265104	0.12	99.87
7	特號牛皮紙板	189..605	0.08	99.95
8	二號牛皮紙板	102095	0.05	100.00
合計		220296235	100.00	

　　由表 9-3 可知前三項成品的銷售累計值即佔總值的 91.64%，由此可得知成品種類的需求重點，因此前三項產品採用存貨生產，其餘產品採用訂貨生產。

第 *10* 章

物料管理的倉庫工程設施

一、存貯環境

1. 建立倉庫的有效管理

針對物品存貯過程的有效性而建立的管理體系就是有效管理體系，其管理項目和內容主要包括：

⑴溫度管理；

⑵濕度管理；

⑶粉塵管理；

⑷污染管理；

⑸光線管理；

⑹有效期管理；

⑺有效性管理；

⑻防蟲害管理；

⑼防氧化管理；

⑽防其他變性管理。

要把有效管理體系中的內容形成制度，並按崗位責任制的形式推廣實施。這些方法是：

(1)設定管理標準；

(2)設定測量/監督方式；

(3)指定人員並落實責任；

(4)建立必要的實施記錄；

(5)定期檢查；

(6)持續改善。

2.設置有效存貯環境的方法

管理和控制好物料管理部的 EMS 是確保物料具有良好存貯環境的基礎。在 EMS 相對完善的條件下，對物料的分類是否準確就成了制約相關存貯環境是否有效的關鍵因素。例如，當把物料放錯了區域時，也許就會出現根本不相符合的存貯環境，當然，也就談不上有效了。

圖 10-1 物料管理部設置有效存貯環境的方法

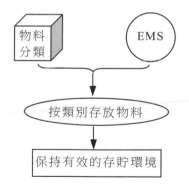

二、倉庫的設施管理

1. 倉庫的設施

倉庫的硬體設施是指屬於倉庫使用的有形器物,它們為倉庫的管理及其作業提供了物質基礎和功能保證,具體包括如下的內容:

(1)築物,如庫房、場地、通道等;

(2)管理區,如劃分的片、區域及其相關的標識器具;

(3)貯物設施,如貨架、貨櫃、箱子;

(4)搬運器具,如捲揚機、傳輸帶、推車、堆高車、裝卸機等;

(5)集裝器具,如盒子、盤子、鬥、桶等;

(6)環境設施,如防爆燈、排風扇、抽濕機、冷氣機等;

(7)安全設備,如滅火器、自動消防系統;

(8)文件與記錄設施,如電腦、帳本、記錄單;

(9)監視設備,如檢測器、監控器等;

(10)其他輔助與配套設施,如輔助倉庫、支持機構等。

2. 倉庫硬體設施的管理內容

倉庫硬體設施的管理內容就是確保倉儲使用的所有硬體設施始終處於有效的狀態,既能滿足存儲的需要,又要節約成本,提高效率。這些內容包括:

(1)點檢設施的狀況,並建立必要的記錄;

(2)按規定的方式使用;

(3)設施的保養與維護;

(4)設施的能力與性能檢討;

(5)識別新設施的需求;

(6)使用中問題的處理與改善。

三、倉庫場地的劃分

1. 劃分區域的目的

劃分區域是為了保障物料的分類管理，以便執行起來做到迅速、快捷。當劃分的區域合理時會有如下的好處：

圖 10-2　合理劃分區域的好處

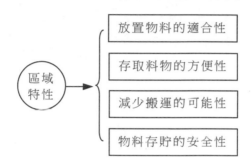

(1)現場管理秩序井然，所需物料一目了然；

(2)物料各歸其位，可以減少或杜絕混料；

(3)消除存放的死區，便於實現「先進先出」管理；

(4)便於物料的收發管理；

(5)便於對物料按其特性實施管理；

(6)便於減少浪費，節約成本。

2. 場地與區域的劃分方法

(1)按物料的性質選擇場地，區分性質的因素主要包括：

①物料的形態，如體積、體態；

②物料的價值，如是否屬於貴重物品；

③物料的環境敏感性，如是否需要冷藏或其他特別防護；

④物料的穩定狀態，如是否屬於危險品；

⑤物料的易損性，如屬於玻璃器件易碎或日常用品容易丟失等。

(2)按物料所處的狀態選擇區域，主要包括：

①原材料區；

②在工品區；

③半成品區；

④成品區；

⑤待檢區；

⑥合格品區；

⑦不合格品區；

⑧待處理區；

⑨供應商管理區；

⑩發貨區。

(3)按物料的類別選擇區域，主要包括：

①五金材料區；

②塑膠材料區；

③電子材料區；

④化學品材料區；

⑤包裝材料區；

⑥精細物料區；

⑦危險品區；

⑧貴重物料區；

⑨進口材料區。

(4)區域的大小和位置應依據物料的量與質進行劃分，主要包括：

①可以靈活變動的區域，能適應數量的變化；

②設置了柵欄的區域，能防止混淆；

③特殊區域，如保溫區、防塵區等；

④加裝了獨立門、鎖的區域，能防止丟失、誤用等產生的漏洞；

⑤樓上的區域適合放置輕巧精細的物料；

⑥地面上的區域適合放置粗大笨重的物料；

⑦敞棚區域只適合臨時放置物料；

⑧應儘量減少使用露天的區域。

四、貯物架的配置方法

1. 貯物架的作用

貯物架是倉庫最常用的設施之一，它有如下作用：

①增加物料的存放空間；

②減少物料存放中產生的擠壓；

③可以實現方便的存取物料；

④有利於物料的編碼和標識。

2. 貯物架的製作方法

製作貯物架的材料一般是角鐵，要再高檔一點就用鋁合金，製作方法是焊制而成。選擇用料的強度時要綜合考慮所存放物料的性質，確保當物料足額存滿後貯物架不會產生變形或損壞。

貯物架一般是長方體的構造，體形的大小尺寸要根據倉庫的大小和所存的材料特性決定。常見貯物架見下圖（圖10-3）。

製作貯物架的三要素：

(1)高度，即貨架的總高度，關係到承載貨物的重量和存取的方便性；

(2)層高，即相鄰隔層之間的高度，關係到存放物料的大小；

(3)寬度，也就是貨架的深度，同樣關係到存放物料的大小。

貯物架是用來放置電子元件和相關材料，要求為長方體結構，

體形緊固堅實、移動和停止方便。某電子工廠的貯物架方案如下（單位是毫米）：

材料：40×40×5 的角鐵

高度：2500

層高：600

寬度：800

長度：5000

支腳高度：100

數量：60 個

顏色：湖藍色

要求：有滾輪並可以制動

圖 10-3　貯物架的構造圖

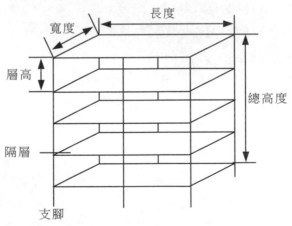

3.貯物架的種類

(1)常見的貯存物料的架子按其形式一般有如下幾種：

①活動式的貨架車；

②固定式的鋼木結構貨架；

③固定式的建築結構貨架；

④具有自動傳輸功能的自動架；

⑤封閉式的盒狀組合架。

⑵從使用中的配備角度上講，物料管理部管理的內容主要是指對活動式的貨架車和固定式的鋼木結構貨架的管理。其他的管理責任一般有專職的設備維護部門負責。

4.貯物架的配備方法

貯物架應配備於倉庫內使用，應根據倉庫的面積、體積、位置等因素決定配備的數量，具體方法如下：

圖 10-4　貯物架配備示意圖

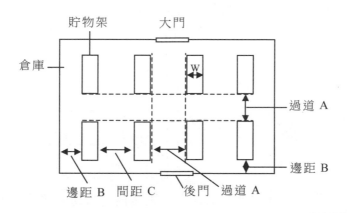

⑴貯物架的放置區域應標識明晰的界限；

⑵貯物架須整齊、規則並按一定的次序放置；

⑶貯物架最好是單排擺放；

⑷貯物架所佔的面積應小於整個庫房總面積的七成；

⑸貯物架的高度應至少低於天花板 600mm：

⑹過道 A 的寬度應不小於兩倍的貯物架寬度 W，即 A≥2W；

⑺邊距 B 應不小於一倍的貯物架寬度 W，即 B≥W；

(8)間距 C 應不小於一倍半的貯物架寬度 W，即 C≥ 5W；

(9)要確保通道的貫通性，以便實現先進先出；

(10)貯物架要放置穩定，不能左右搖擺；

(11)有必要適當的配備梯子、推車等輔助工具。

五、捲揚機與傳輸帶的管理方法

捲揚機與傳輸帶是物料管理部門常用的搬運器械，尤其是在搬運散裝物料和自動化搬運作業中使用的最普遍。對它們的管理要根據其自身的機械特性和工作特點的不同而區別對待。

1. 捲揚機與傳輸帶的管理內容

圖 10-5　捲揚機與傳輸帶的管理內容

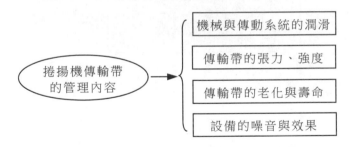

捲揚機傳輸帶的管理內容

- 機械與傳動系統的潤滑
- 傳輸帶的張力、強度
- 傳輸帶的老化與壽命
- 設備的噪音與效果

然而，作為搬運器械的一種，無論是捲揚機還是傳輸帶，它們共通的管理方法與其他搬運器械是相似的，以下只講述它們的特殊性管理要點。

2. 捲揚機的管理要點

捲揚機管理的三要素：揚程、速度和載重。

(1)揚程：捲揚機的提升高度；

(2)速度：傳輸帶轉動的快慢速度；

(3)載重：單位傳輸帶上可以承載的有效重量。

3. 捲揚機的管理要素

圖 10-6　捲揚機的管理要素

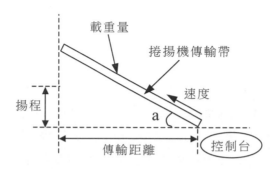

(1)揚程越高，傳輸距離越短，轉動速度要求越小，載重量要求越輕。

(2)為防止物品滑下，有必要設置引導欄杆。

4. 傳輸帶的種類

(1)單傳輸帶：由一條傳輸帶單獨運作，方向單一，形式比較簡單。

(2)複合傳輸帶：由多條傳輸帶聯合運作，方向多變，形式比較複雜。

圖 10-7　複合傳輸帶示意圖

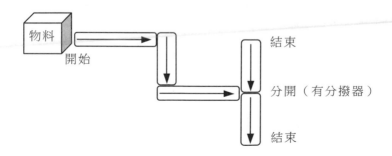

5. 傳輸帶的管理要點

(1)傳輸帶管理的三要素：帶寬、速度和載重。

(2)複合性傳輸帶要注意管理它們之間的配合與協調，例如：

①傳輸帶的運轉速度要一致；

②傳輸帶的承載量要匹配；

③銜接處的間隙要均衡且穩定；

④有分揀器或分撥器的要動作協調，並有聯動機關。

(3)傳輸帶也可以與捲揚機配合聯動。

(4)獨立動力的傳輸帶只要動力許可，其傳輸距離可以無限的延伸。

心得欄

第 11 章

物料管理的倉庫安全管理

一、防盜竊管理

內盜的主要原因是人員素質差與監督措施不力，要消除或減少內盜必須從這兩個方面下手。內容包括：

⑴提高人員素質，如開展素質培訓、明確工作責任、消除散亂和管理死區，用文明的環境感化人的意識、思維和舉動；

⑵強化監督措施，如增加監督設施、提升人員監管水準、定時進行業務盤點、開展舉報有獎等。

1. 防外盜管理

外盜的主要因素是倉庫的管理措施乏力、管理方式存在漏洞，要消除或減少外盜必須從這兩個方面努力。內容包括：

⑴提升管理力度，如加強管理制度、提升獎懲幅度、實行主要領導走動式管理等；

⑵消除管理方式的漏洞就是要改善管理工作中的弊端，例如增設保安人員、更新監視監督系統、開展巡更等。

2.杜絕內外勾結盜竊

內外勾結盜竊的決定因素主要是企業與社會環境的關係，當這個關係表現為「外緊內鬆」時，顯然是存在大問題的。需改進的內容包括：

(1)強化企業管理制度，加大執行力度，盡早變「內鬆」為「內緊」；

(2)綜合治理外部環境，樹立企業形象，在適當時變「外緊」為「外鬆」。

二、安全管理措施

恐怖是近年來發生的一種新的威脅，雖然它的範圍不大，但其突發性令人防不勝防，因此，它的影響是很大的。一些西方國家出於反恐的需要，對工廠的出貨管理也管得特別嚴格。如果被檢查出你的反恐措施能力不足時，那就會面臨停止供貨的風險。所以，外貿型的企業有必要在這方面作好準備。下面列舉的是北美一些國家的企業對工廠反恐措施的要求，可以參照。

1.工廠週邊

工廠的四週應有圍牆，牆體的虛、實、高、矮倒並不重要，關鍵是要能具有明顯的界限作用，並能阻止一般的非有意者或動物闖入。大門上可以上鎖(包括所有的大門)，大門應與牆體相匹配。

2.工廠的鑰匙控制

工廠的鑰匙必須要由授權的人員控制，例如行政部的值班人員、保安隊長或其他專門的人員。可以放在行政部經理的辦公室裏，如果發現鑰匙丟失或被別人擅自拿用過時，應優先考慮是否需要更換鎖頭。

3. 保安政策

必須建立保安管理制度、保安員工作守則等文件，並在適當的地方予以公佈。這些文件的目的是要求保安員知道怎樣去工作，明確職責，並，把工作做好。

工廠不僅要有場地平面佈置圖，也要有安全保障能力分佈圖。後者的內容主要包括：保安亭/崗的數量、位置，人員、換班流程、巡更方式、記錄點、重要點等以及配合緊急情況的路線。

4. 安全須知訓練

安全訓練需針對全體員工進行，訓練內容包括：人身安全知識和技能、防範意識、異常公共情況處理方法以及抵制恐怖行為等。

5. 值勤制度

工廠必須安排全天候的值勤制度，即每週 7 天，每天 24 小時有人站崗。對於有輪班制度的工廠，其值勤能力應與相應的輪班制度相適應。例如輪班的人數足夠嗎？每班是否指定了具體的負責人，以確保能及時處理突發的問題等。

6. 來訪制度

外來人員到工廠訪問時，是否進行檢查和登記？他在整個逗留期間的行動得到管制了嗎？管制措施應包括監控、授權通行、人員陪同等。

7. 保衛人員管理

所有的保衛人員須接受背景調查，適當時還應有擔保措施。被合格錄用的人員要按計劃接受培訓、教育和訓練，並進行定期評價，對於表現欠佳的人員應規定妥善的處理方法。

8. 監控措施

應根據工廠的性質、生產規模、產品狀況等因素制定監控措施，包括閉路電視監控系統、安全報警網路、人員監視制度、防錯與防

誤措施等。

9. 員工進出

識別員工的標記是什麼？是工作服或廠證嗎？僅有這些東西是不夠的。員工進出工廠時必須出示附有相片的工牌，對於找不到具體工位的人員，現場管理者要及時要求其離開或尋找保衛處處理。員工是否將隨身攜帶的物品帶進廠區？規定了可攜帶物品的清單了嗎？這些規定應能阻止任何妨害工廠安全的物品進入廠區。

10. 車輛進出

車輛進出工廠時應進行檢查，尤其當外來車輛進入時不僅要檢查來賓和司機，還需要對車輛進行適當檢查，或者要求把車輛停放在規定的停車場內。應注意隔離外來車輛與公司車輛的放置狀態，最起碼要把他們區別開來。當車輛離開時也要辦理離開手續。

11. 人員招聘

公司是否制定了招工流程？以便工廠能掌握新招人員的狀態。這些內容至少須包括人員的姓名、性別、年齡、籍貫、文化、民族、信仰、宗教、經歷、健康、相貌、背景、知識技能和希望與要求等。

12. 貨區管理

工廠內的出貨區、裝卸貨區和存放貨區應有監控措施以確保安全。這些措施包括指定人員看管、安裝監視用攝像頭和自動報警器等。正在裝貨的貨櫃必須有專人負責看管，要規定這些人員的職責和許可權，並授權行使。

13. 物流管理

進出廠區的貨櫃是否經過檢查以防止改裝，對於發現的改裝貨櫃要規定處理的措施和方法，並明確那些人員具有檢查的資格。

為確保進出的貨物與文件上規定的內容相同，應明確規定檢驗封條的方法。例如對鉛封、鎖頭、貼紙和印記等物品的標識和識別

的方法。

是否指定了專門人員給成品貨櫃貼封條？這些方法得到顧客的承認了嗎？確保出貨正確的方法應在流程文件中得到規定。

沒有裝滿的貨櫃是否上鎖，有那些預防措施可以保證未滿的貨櫃中貨物的安全和不會有非預期的物品裝入，這些措施更重要的是體現在行動上而不是僅僅有一些規定的文件。對於空的貨櫃應放置在規定的區域並上鎖，以防止被誤用。

14. 海關

相關出貨人員應瞭解各相關國家的海關條例，如美國海關規定：進口貨物必須在 24 小時前告知美國海關。

三、消防安全管理

1. 建立有效的倉庫消防系統

倉庫應根據所存貯的物料的類別、倉庫的位置等具體情況策劃並建立倉庫的消防系統，配備必要的設施，指定負責的人員，並維持其有效性。

選擇的消防系統可以相互結合使用，但要突出重點，指定使用的層次和順序。可選擇的消防系統類別一般有：

(1)自動噴水滅火系統；

(2)二氧化碳滅火系統；

(3)七氟丙烷滅火系統；

(4) IG541 滅火系統；

(5)泡沫滅火系統；

(6)各種滅火器；

(7)各種滅火推車；

⑻滅火沙土；

⑼防火門、消火栓；

⑽煙霧感應系統。

2.消防安全的責任

⑴管理者具有培訓、指導、督促和全面負責的責任，具體是：

①培訓倉庫人員，認識消防安全；

②指導消防技術，理解消防要點；

③督促安全作業，消除違章違紀；

④策劃安全措施，保障倉庫安全。

⑵操作與擔當人員具有遵章守紀、安全操作、履行職責的責任，具體是：

①嚴格按規定作業，杜絕違章操作；

②掌握必要的消防知識；

③對自己工作範圍內的事情負責；

④發現有隱患時立即報告。

3.保證消防安全

樹立全員參與的消防安全意識，確保倉庫的安全。具體內容包括：

①制定安全生產的培訓計劃；

②建立安全主任負責制度；

③配備合理的消防設施；

④及時維護和檢驗各種消防設施，確保有效性；

⑤與當地的消防部門配合實施改善措施。

四、防失效管理

　　倉庫的防失效管理是一種預防措施，它的目的是確保倉庫的各項制度和政策能落實到位，倉庫設施持續良好，運作次序井然有序、管理功能狀態和諧、管理能力充足。

1. 防失效管理

　　防止規章制度形式化，保障物料管理過程有效，降低庫存損失和庫存成本，提高效益。具體措施包括：

　　⑴定期點檢規章制度的有效性，包括收發制度、存貯制度、環境制度和人員崗位責任制度等；

　　⑵點檢的週期一般以年度為頻次進行，但在有新產品生產時除外；

　　⑶定期召開倉庫管理工作會議，瞭解人員需求、掌握工作動態、挖掘存在的問題；

　　⑷制定人員培訓計劃，定期實施培訓。培訓內容包括：工作技能、業務素質、規章制度、見習先進工廠的倉庫管理經驗等；

　　⑸問題點的糾正、預防和措施結果驗證，即針對過往工作中出現的問題點要採取下列措施：

　　①分析原因；

　　②採取糾正措施；

　　③制定預防再發的計劃和實施方案：

　　④驗證措施結果；

　　⑤把好的措施變成制度推廣。

2. 防失效管理

　　防失效管理的責任者是倉庫的主要管理者，包括經理、課長和

主任。

3.防止物料失效

防止物料失效的管理主要是針對具有嚴格有效期限的物料的，也就是不能在貯存中把好的物料變成廢料。這個過程是要重點落實前面講述的相關規章制度，要做到切實執行。

4.防止器械、設施失效

防止器械、設施失效的管理主要是針對器械的預防保養而言的，所有設備都需要進行定期檢查和保養，不要以為放著不動就不會壞，其實有時候更容易壞。這些預防措施包括：

(1)日常清潔、加油、緊螺絲；

(2)定期檢查、校驗；

(3)定期全面：險查、大修；

(4)及時更換零件；

(5)及時報廢已到使用極限的器械；

(6)不良器械禁止使用。

五、防爆管理

1.為什麼爆炸

爆炸是一種極為迅速的物理或化學的能量釋放過程，是物質在瞬間以機械功的形式釋放出大量氣體和能量的現象。爆炸按其能量來源可以分為三種，即：物理爆炸，如鍋爐爆炸；化學爆炸，如炸藥爆炸；核爆炸，如核反應爐爆炸等。在物流管理過程中最常見的是化學爆炸，也是危害最大的爆炸。化學爆炸的三要素是：反應高速度、產生大量氣體、釋放大量熱能。

據不完全的調查結果顯示，在實際工作中約有九成以上的爆炸

事故是由於管理不善造成的。這就說明，爆炸事故雖然後果嚴重，但只要我們做好管理工作，它是完全可以預防的。

爆炸所帶來的不僅是直接的經濟損失，它還會造成嚴重的負面影響，但同時也會反映出我們在管理中存在的不足之處。

2. 防爆措施

防爆措施的責任首先是管理者的責任，管理者通過識別爆炸風險、制定防爆目標、分解工作責任等措施，把整個公司的防爆工作任務落實到具體的部門、班組和人員，然後像管理其他的過程一樣實施各種預防和控制措施，消除隱患，從而最終實現防爆。常見的防爆措施主要有：

(1)壓力容器防爆

壓力容器運行工況複雜，承受的載荷也形式多樣，如壓力波動、溫度變化、重力載荷、自然條件侵蝕等。使容器壁產生局部或整體變形，產生交變應力作用，容易造成壓力容器破壞失效，產生爆炸危險。由於壓力容器具有爆炸、火災及中毒等危險特性，為確保安全調運，必須加強管理措施。這些內容主要包括：

①按規定選購、安裝、調運和使用壓力容器。保證壓力容器符合安全技術要求，具有生產許可證明、產品合格證和質量證明書等。

②執行使用者的登記與備案制度，確保持證使用。

③按有關規定執行變更與報廢。包括過戶變更、使用變更、安全狀況等級確認和報廢處理等。

④加強對容器的現場管理。應定時、定點、定線進行巡迴檢查，監督安全操作規程和崗位責任制的執行狀況，嚴禁超溫、超壓運行，經常檢查安全附件是否齊全、靈敏和可靠。

⑤按有關規定對壓力容器進行定期檢驗，要遵守「1 年外檢，3 年內外都檢，6 年全面檢」的規定。

⑵易燃易爆品防爆

易燃易爆品主要指危險化學品,這些東西是導致火災、爆炸事故的物質基礎,要保證物料管理安全,就必須加強對危險化學品的安全管理。這些措施主要有:

①建立健全危險化學品的安全管理制度。包括:嚴格執行國家的管控規定;落實安全責任制;實行人員培訓合格後上崗等。

②確保生產、儲存和使用危險化學品企業具備下列條件:

· 有符合國家標準的生產工藝、設備,或存儲方式、設施;

· 工廠、倉庫的週邊防護距離應符合國標或規定;

· 有符合生產、存儲需要的管理和技術人員;

· 有健全的安全管理制度;

· 與規定場所的安全距離應符合要求;

· 適當標識或公告危險化學品的危害性;

· 具有適可的配合設施,並確保其功能正常;

· 相關的生產、存儲裝置應每年進行一次安全評價;

· 倉庫應當符合國家標準對安全、消防的要求,防範措施到位,
  設置明顯標誌。

③危險化學品包裝的安全保障。包裝的材質、形式、規格、方法和單件重量等,應當與該物品的用途相適應,便於裝卸、運輸和儲存。

④嚴格執行危險化學品經營許可證制度,無證不得以任何形式從事經營活動。

⑤嚴格執行危險化學品登記管理制度。

3. 流程性材料的安全管理

⑴什麼是流程性材料

流程性材料通常指以散裝形式(如管道、桶、袋、罐等容器或以

卷的形式）儲運和交付的物品。主要包括：

①化學工業生產的塑膠、橡膠及各種化工原料；

②日用化學工業生產的洗滌劑、化妝品；

③冶金工業生產的型材、粉末材料；

④建材工業生產的水泥、裝飾材料；

⑤紡織工業生產的化纖、布匹；

⑥醫藥工業生產的藥劑、生化製品；

⑦食品工業生產的糧食、糖類、酒類；

⑧能源部門生產的燃料、電力、蒸汽等。

⑵流程性材料管理的基本任務

流程性材料的安全管理主要是為了預防和消除其在生產、儲運和使用過程中發生燃燒、爆炸、毒害等事故以及工傷職業病而採取的組織和技術措施。其管理的基本任務是：

①發現、分析和消除它們在生產、儲運和使用過程中的危險；

②防止發生事故和職業病；

③避免各種意外損失，保障環境安全；

④推動企業和行業的可持續發展。

⑶流程性材料管理要點

①把重視安全作為策略，制定管理方針、政策；

②建立健全各種規章制度，並認真貫徹執行；

③教育、訓練、演練和操練等措施不能少；

④對生產、儲運的現場和設備進行定期檢查，消除隱患；

⑤對事故和教訓進行總結分析，制定預防措施；

⑥推廣安全管理經驗。

⑷流程性材料在生產、儲運和使用過程中的突出問題。如下圖所示。

圖 11-1　流程性材料的突出問題

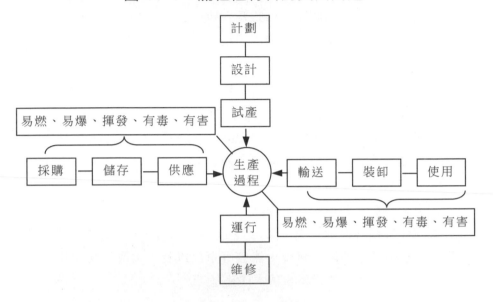

六、防災與減災措施

1. 工程品質的失誤

防災與減災措施的首要任務就是預防並消除工程品質的失誤，這些現象在物料管理工作中的表現主要有：

(1)天花板漏水，下雨之時，室內總是滴滴答答的；

(2)在臨近廁所或水道的地方易發生牆體滲水；

(3)抗風保溫等抵禦自然災害的能力不足；

(4)窗戶玻璃安裝不當，常有漏雨、晃蕩或鬆脫等現象；

(5)「走扇」的門與窗，非固定不能穩住；

(6)門鎖、開關不能順利地開啟或關閉到位；

(7)消防栓打不開或經常不通水；

(8)電線未按規定鑲嵌，被胡亂地紮在一起；

(9)標識牌、貼的標語等歪歪斜斜，褪色或有脫落現象；

(10)拉貨的小車顛簸大、吱吱響；

(11)倉庫的某些位置照明不足，光線暗；

(12)貨架發生了扭曲或變形；

(13)環境溫度、濕度等得不到總有效控制；

(14)電話或通訊工具雜音大、音量小；

(15)寫報告的紙太脆，很容易被筆尖劃破；

(16)電腦運作與管理系統脆弱、經常出錯。

2.防災措施

防災是一個普遍性的概念，但對於倉庫來說卻包含著諸多具體的措施，例如，下面的一些內容就是我們所常見的：

(1)地勢優越時，可以避開洪澇災害；

(2)框架式的房梁結構能抵禦 8 級以上的地震；

(3)內牆使用的是阻燃性材料製成的防火板，如石膏板；

(4)倉庫內裝置了自動噴淋系統和煙霧報警系統；

(5)危險物品獨立放置，且限定了每個區域的最大存儲量；

(6)在倉庫進行電焊等明火作業時需要有經理級別以上人員批准，並在作業過程中至少有一人專門進行全程防護；

(7)建立了倉庫的有效性管理體系，以防止環境驟變產生惡果；

(8)有識別的措施能阻止諸如白蟻之類帶來的損害；

(9)針對各種物料的特性都有相應的管理措施。

3.防災措施的形成過程

圖 11-2 防災措施的形成過程

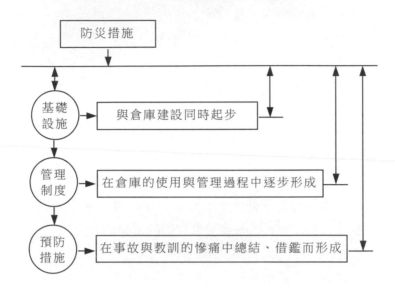

實施防災措施可能需要一定的投入，但是，要正確認識這種投入對於企業長期經營是十分有效的。因為你投入的可能只是一分，而防止的損失可能是七分、八分或者更多。防災的投入與取得的效應可能不成比例。

4.減災措施

苦心經營多年的企業，因為出了一次事故、遭遇了一次災害而導致經營發生困難或者乾脆關門的情況很多，仔細想來，實在是痛心疾首啊。由此，人們就會自然而然地想到減災措施。

減災措施的首要任務就是平時要注意嚴格落實防災措施，除此以外，具體的還有下面兩個方面：

(1)參加保險

對於風險係數比較高的生產經營場所和活動首先參加保險。例如，企業下面這些內容就是：

①化學危險品倉庫；

②車隊的車輛和司機；

③地震、水患高發地區的企業；

④新產品、新項目；

⑤人員工傷、意外。

(2)爭取捐助

平時通過捐助別人而建立信譽，贏得社會的好感。當然，這並不是說捐助活動具有雙向性，享受捐助的人必須以事先捐助為前提。但是，從不幫助別人的人是很難獲得別人同情的。

七、消防安全管理制度

第 1 章　總則

第 1 條　目的。為加強公司的安全消防意識，做好公司的安全消防工作，保證公司正常、穩定的工作環境，特制定本制度。

第 2 條　公司法定代表人為公司安全消防第一責任人，主要履行下列職責。

1. 制定並落實安全消防責任制和防火、滅火方案，以及火災發生時疏散人群等安全措施。

2. 配備安全消防器材，落實定期維護、保養措施，改善防火條件，開展消防安全檢查，及時消除安全隱患。

3. 管理本公司的專職或義務消防隊。

4. 對員工進行消防安全教育和防火、滅火訓練。

5. 組織火災自救，保護火災現場，協助調查火災原因。

第 3 條　相關責任人。

各部門應確立各自的責任人，劃定各自的防範重點和防範對策，並制定相應的安全消防措施。

第 2 章　設施、培訓與宣傳教育

第 4 條　設施。

1. 公司使用的消防器材和設備，必須是有「生產許可證」和《產品品質認證證書》的產品。

2. 公司使用的電器設備的品質，必須符合消防安全要求。電器設備的安裝和電氣線路的設計、鋪設，必須符合安全技術規定並定期檢修。

第 5 條　培訓。

1. 公司下列人員需要接受消防安全培訓

(1)各部門防火安全第一責任人或分管負責人。

(2)消防安全管理人員。

(3)義務消防員。

(4)消防設備的安裝、操作和維修人員。

(5)易燃易爆品倉庫管理人員。

2. 保安部組織培訓

(1)保安部全體員工均為義務消防員，其他部門按人數比例參加培訓考核後定為公司義務消防員。

(2)義務消防員的培訓工作由保安部具體負責，各部門協助進行。

(3)保安部主管負責擬訂培訓計劃，由保安部領班協助定期、分批對公司員工進行消防培訓。

3. 培訓內容

(1)瞭解公司消防的重點區域：配電房、保安部、煤氣庫、貨倉、

機票室、鍋爐房、廚房和財務部等。

(2)瞭解公司消防設施的情況，掌握滅火器的安全使用方法。

(3)掌握火災時撲救工作的知識和技能以及自救知識。

(4)組織觀看實地消防演練，進行現場培訓。

第 6 條　宣傳教育。

1.宣傳教育的內容包括消防規章制度、防火的重要性、防火先進事蹟和案例等。

2.宣傳教育的方式包括印發消防資料，組織人員學習，請專人講解，實地消防演練等。

第 3 章　預防

第 7 條　公司在下列場所應當設置疏散指示標誌、緊急照明裝置和必要的消防設施。

1.易燃易爆危險品的生產房、儲存場地。

2.原材料及成品倉庫。

3.車隊、油庫（加油站）、液化氣站和變電站。

第 8 條　禁止在危險場所擅自動用明火。需要使用明火器具時應事先提出申請，說明安全措施，經保安部批准後方可使用。

第 9 條　作業人員應當持證上崗，對電焊、氣割、砂輪切割、煤氣燃燒以及其他具有火災危險的工作，必須依照有關安全要求操作。

第 10 條　禁止員工在辦公場所和宿舍使用自製或外購的電爐取暖或做飯。

第 11 條　劃定禁煙區，員工不得在禁煙區吸煙。

第 12 條　公司需要根據現有的消防狀況和狀況，合理配置消防器材，不得擅自移動、損壞和挪用，並定期檢查和更換。

第 13 條　防火檢查。

保安部人員應定期巡視檢查，一旦發現隱患，要及時指出並加以處理。各部門人員要做到分級檢查：第一級是班組人員每日自查；第二級是部門主管重點檢查；第三級是部門經理全面檢查或獨自抽查。

第 4 章　火災處理及撲救

第 14 條　員工一旦發現火情，能自己撲滅的，應立刻採取措施，根據火情的性質，就近使用水或滅火器材進行撲救。

第 15 條　如果火勢較大，在場人員不懂撲滅方法，應立刻通知就近其他人員或巡查的保安員進行撲救。

第 16 條　若火勢發展很快，且無法立刻撲滅時，在場人員應立刻通知總機接線員，執行火災處理的撲救制度。

第 17 條　公司任何人發現火災或其他安全問題時都應迅速報警，各部門或員工都應為報警提供方便，有為撲救火災提供幫助的義務。

第 18 條　公司在消防隊到達前應迅速組織力量撲救、減少損失，並及時向投保的保險公司報案，保護好現場並協助查清火災原因。

第 5 章　獎懲和處罰

第 19 條　公司定期或不定期地對各部門安全、消防管理工作進行考核，決定給予相應的獎勵或處罰。

第 20 條　因撲救火災、消防訓練、制止安全事故、見義勇為而受傷、致殘、死亡的員工，其醫療、撫恤費用按照有關規定辦理。

第 21 條　對各種安全消防事故的責任人和違反本制度的員工，公司將從嚴處罰，分別給予罰款、降級乃至辭退等處分，情節嚴重者，公司將其送交司法部門追究其法律責任。

案例　倉庫安全設施的不足

　　新上任的安全經理宋偉哲走進波榮電力工廠最大的倉庫時，「難怪這兒的安全記錄最差勁」，心裏一直在埋怨著。

　　這位新上任的安全經理發現當地到處都是東倒西歪的房子，該村的失業率和犯罪率也都非常高。許多年輕人就在倉庫旁邊的空地上兜圈子。透過倉庫週圍的鐵絲網可以清楚地看見銅線圈、絕緣物、黃銅架、鋼架和其他設備。

　　董事長曹明宇曾經警告過宋偉哲，改善坡德村的安全情況，是他這項新工作最大的挑戰。

　　宋偉哲大致巡視了一遍以後，就去和倉庫經理李英俊討論安全方面的問題。李英俊雖然是一位很能幹的經理，但是他似乎並不重視安全工作。他認為公司對這方面的事有些小題大作，大多數的竊案是因為卡車停在鐵絲網外而發生的，他說：「司機們覺得這樣卸下小件貨物時比較方便。我告訴過他們好多次，這樣做是違反公司規定的，不管怎麼說，這是他們的責任。」

　　李英俊也承認晚上有人潛入倉庫，但是倉庫的存貨損失大約為8%，波榮公司各個倉庫的平均損失數字是6%。李英俊辯白道：「闖進來的多半是本地的小孩，他們這樣做只是為了逞英雄，或是找點消遣，他們常常把到手的貨物丟棄在鐵絲網外，而且很少把東西弄壞，我們只要把它們找回來就行了。」

　　宋偉哲建議他改善倉庫的安全作業，首先，如果無人看守時，禁止把卡車停在倉庫外面。大門一定要鎖好，設備都要設法遮蓋起來，或是收藏到隱蔽的地方去。

接下去的幾個月，每次宋偉哲到坡德村倉庫時，總會又聽說發生了闖入事件。他發現該倉庫並沒有太大的改變，不論是安全措施或是主管人的態度都還是老樣子。李英俊確實是做了一些事，他到處張貼安全標語，提醒員工注意規定，也僱了一些職員盤點原料的變動情形，不過李英俊認為，這些工作並沒有使損失減少，反而使得裝卸貨物比以前緩慢多了。

有一個週末晚上，李英俊躲在倉庫裏，抓住了一個偷絕緣物的 18 歲男孩。對方掙扎的結果，使得兩個人都受了一點小傷。當時其他同夥的孩子們在鐵絲網外大叫大嚷，又扔石頭，有一大群人糾集在一起，幸好在情況惡化前，員警先趕到了倉庫，事情也就平息下去了。

李英俊希望把這件案子提起上訴，但是董事長曹明宇聽取了公共關係部的意見，認為最好不要提出控訴，以免激起公憤。李英俊因而更為激動，他氣憤憤地說：「是你們自己要我加強安全措施，現在我照著做了，你們又要撤銷前言。」他希望給這個嫌犯一點懲罰，以生嚇阻作用。

宋偉哲認為，倉庫外面應該建一道比較堅固的圍牆，「讓他們看不到裏面的情形，然後讓一個負責安全工作的職員監視卡車在倉庫內卸貨，在圍牆內以狼犬來巡邏，也許效果要強一些。」宋偉哲覺得有些原料處理設備應該放在倉庫內，一方面可以利用空間，另一方面在卸貨時也較方便。

李英俊不同意這些措施，他認為這樣做會增加成本，減少利潤。由於他可以分到倉庫利潤的 5% 作為紅利，這樣一來他的收入自然也會受到影響。

曹明宇不希望再傷李英俊的心，畢竟他是位極能幹的倉庫經理。可是以後他會再接納任何新的安全措施嗎？從另一個角度來

看，這些安全措施真有的必要嗎？宋偉哲提出的方法在其他倉庫都獲得到了顯著的成效，而且他對坡德村倉庫十分有信心。不過曹明宇也瞭解，如果他們的做法不能使坡德村倉庫的利潤提高，李英俊必然會不服氣的。

曹明宇此時真是左右為難，到底該怎麼辦呢？

【案例剖析】

倉庫 8% 的存貨損失確實是對宋偉哲最大的挑戰。

如果曹明宇期望宋偉哲能改善安全作業，他就應該賦予他適當的權力，監督各倉庫裝設安全裝置。不過，這並不是說，一定要強迫李英俊採用某些安全措施。

李英俊顯然願意並且已經著手改善安全情況，不幸的是他處理事情的手法並沒有收到太大的效果。他確實是一位能幹的經理，不過他不是安全專家，同時他自己對問題分析也很可能會導致錯誤的結論。這就是他的處置措施不當的緣故。

改善安全情況往往可以使利潤有所增加，在這個例子裏，宋偉哲最主要的責任就是公共關係工作。他必須說服李英俊，改善安全情形是值得做的事，況且他個人的收入也會隨之增加。

宋偉哲應該從李英俊最困擾的事——外人闖入倉庫著手。一旦這個問題得以解決，李英俊很快地就可以看到其效果，那麼其餘的安全措施就容易進行了。

雖然李英俊表示因外人潛入而造成的損失不大，但是這類事件仍然使他感到不安，以致親自採取行動設法減少這方面的損失。從該地區的失業和犯罪情形看來，倉庫實際的損失可能比李英俊所吐露的為大。

在鐵絲網上裝設尖刺，或是改善照明設備都不需要花費太多

的金錢。這些裝置再加上讓公司的卡車在倉庫內卸貨，應該可以大幅度地減少存貨損失，同時利潤很快就會增加。到時候李英俊應該會承認這些措施確實有效，並且同意裝設其他的安全裝置。

私自潛入的男孩被逮捕時可能就已經給了其他同夥的孩子們一些教訓。把這個孩子送法究辦也不會再發生多大的警戒作用，反而會使當地人產生反感。不過公司應該讓這個男孩瞭解，雖然公司不願意給與他任何懲處，但是如果他或者其他同夥再度非法竊取公司的財產，那麼公司別無選擇，只好正式控告他，讓他接受法律的制裁。略施警告之後，公司就應該撤回原先的控訴。

公司應該將禁止侵入的標示掛在鐵絲網上顯眼的地方。如果沒有適當的人來監視，那麼在倉庫空地上養狗是很不合適的。人和犬組成的警戒力量對某些安全工作而言是很有效的，但是狗處在一個新環境裏往往會逃脫，或是被當地的孩子們戲弄，以致造成傷害事件，使得當地居民感到不快。

所有的載貨車輛都應該在大門內裝卸貨物，而不應該把無人看守的車輛停在倉庫外面。倉庫在不使用時也應該切實鎖好。如果公司目前無法僱用守夜人，那麼至少也該和當地員警機關取得聯繫，請他們在夜間加強巡邏。

妥善地調配員工和利用空間是倉庫經理的責任，而不是安全經理的管轄範圍。宋偉哲不應該干涉原料處理和利用空間等事情。

曹明宇已經注意到，其他倉庫採納宋偉哲的建議後，情況都有所改善。無疑地，這些措施應用於坡德村倉庫必然也會發生效用。曹明宇應該督促當地的倉庫改善安全設施，一旦見到利潤情況好轉，李英俊自然會和公司合作，進一步地增設安全裝置。說不定為了他個人的利益，他會安裝更多的安全設備呢！

第 *12* 章

倉庫的品質管理

一、倉庫的品質管理

倉庫品質管理指的是與貯存在倉庫的物料有關聯的一切質量活動的過程及其控制，具體包括：

1. 物料貯存質量，如貯存中發生變性、發黴、潮濕、老鼠咬等；
2. 裝卸質量，如錯誤方法裝卸損壞物料；
3. 存貯器械的質量，如貨架不穩定，跌倒摔壞物料；
4. 存貯過期，如超過物料的有效期導致變質；
5. 不合理擺放導致壓壞物料，如層太高、倒置等；
6. 混亂放置造成無法區分等。

倉庫品質管理是倉庫全體人員的職責，從建立制度、積極落實，到自覺行動、相互監督，每個過程都必須堅持全員參與，都必須用標準化的思想作為指引。

要提高倉庫品質管理的水準還要注重提高倉庫的機械化和自動化水準，要儘量減少發生意外最多的人工搬運環節，嚴格控制產生

變異的各種不確定因素，確保有效性，增強可靠性，保證品質。

圖 12-1　倉庫品質管理的過程示意圖

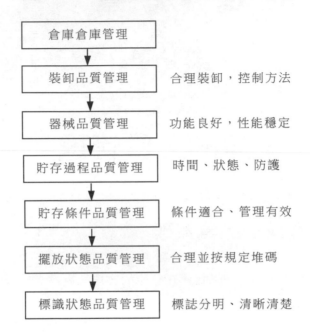

倉庫倉庫管理	
裝卸品質管理	合理裝卸，控制方法
器械品質管理	功能良好，性能穩定
貯存過程品質管理	時間、狀態、防護
貯存條件品質管理	條件適合、管理有效
擺放狀態品質管理	合理並按規定堆碼
標識狀態品質管理	標誌分明、清晰清楚

二、在庫品的日常品質監督

在庫品日常品質監督的主要責任者是物料管理部的倉庫管理員，他們應該是各負其責，誰管的物料由誰管理和負責，而且責任到人，負責到底。

各班組長和倉庫主任具有監督的責任，他們應該監督倉管員的工作，通過實行走動式管理，確保在庫品的品質監督工作有效。

1. 日常品質監督的方式和性質

總體上講，在庫品日常品質監督的工作方式是巡視，性質是目

視檢查。

(1)巡視：定時巡迴查看。

(2)目視檢查：用眼睛觀察確認。

2.日常品質監督的實施頻次

基本上，日常品質監督的實施頻次是：

(1)每班不少於一次；

(2)夜班也不能例外。

日常品質監督無須記錄檢查報表，但必須有實施確認表，以免擔當人員遺忘和進行必要的追溯。

3.日常品質監督的內容

日常品質監督通常需要確認如下的內容：

(1)物品的擺放狀態，如有無東倒西歪等；

(2)物品本身的狀態，如有無腐爛、生銹等；

(3)物品的環境狀態，如有無雨淋、日曬等；

(4)物品的有效期。

4.日常品質監督的注意事項

日常品質監督可以利用收發料的機會同時進行，以減少倉管員的勞動強度，具體方法是：

(1)發出物料時確認所發出物料及其週圍物料的質量狀態；

(2)接收物料時確認所接收物料放置位置週圍的物料的質量狀態；

(3)在收發物料的過程中順路邊走邊巡視。

三、庫存物品的定期檢驗

1. 庫存物品定期檢驗的週期

　　凡庫存期限超過一定時間的物品必須按規定的頻率進行一次品質檢驗，以確保被存貯的物品質量良好，這就是庫存物品的定期檢驗。這裏的定期到底定多少，需要根據物品的特性具體規定，例如：

　　⑴油脂、液體類物品，定檢期為 6 個月；

　　⑵危險性特殊類物品，定檢期為 3 個月；

　　⑶易變質、生銹的物品，定檢期為 4 個月；

　　⑷有效期限短的物品，定檢期為 3 個月；

　　⑸其他普通的物品，定檢期為 12 個月；

　　⑹長期貯備的物品，定檢期為 24 個月。

圖 12-2　庫存物品定期檢驗的實施步驟

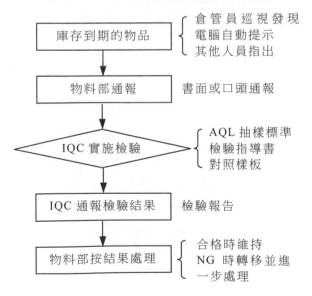

2.庫存物品定期檢驗的方法

　　一般情況下，庫存物品定期檢驗的方法與進料檢驗的方法相類似，由 IQC 按抽樣的方法進行。

3.庫存物品定期檢驗結果的處理方法

　　對庫存物品定期檢驗結果的處理應以 IQC 的檢驗報告為依據進行。合格時可以維持現狀、不動，不合格時則需要按下列步驟處理。

圖 12-3　定檢 NG 品的處理步驟

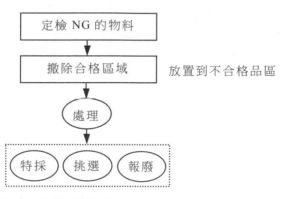

4.如何處理變質物品

　　變質品是指庫存的物品已經發生性能改變，變成了不良品。對這類物品的處理按如下方法進行。

圖 12-4　變質品的處理方法

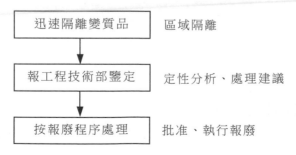

案例　倉庫管理細則

　　某公司為了規範本公司的物料、成品的搬運、儲存、包裝、保管及交貨管制，以達成公司品質目標和滿足客戶關注的需求，特制定本流程。

一、範圍

　　本流程適用於本公司所有物料、成品的搬運，儲存、包裝、保管及交貨的所有活動的控制。

二、相關流程

1.《來料檢驗流程》

2.《糾正和預防措施控制流程》

3.《品質保證流程》

三、術語解釋

1. MSDS：Material safety data sheet 物料安全資料表

2. EMS：Efficiency management system 有效管理體系

四、權責

　　1.物料管理部物料倉負責所有物料的搬運、儲存、保管及包裝維護。

　　2.物料管理部成品倉負責所有成品的出庫搬運、儲存、保管、交貨。

五、作業流程

1.產品的接收和搬運

　　⑴工廠採購部按生產 SCHEDULE 和 JIT 原則有計劃地發出訂單，並要求供應商按計劃送貨。如果因入庫不及時或不合格等原

因影響生產時，國內科由擔當使用《事故材料》上報，經主管、經理確認後通報採購部處理，國外料由擔當使用《海外供給物料問題點報告》上報，經主管、經理和副總確認簽字後通報海外辦處理。

(2)貨車到廠後，物料管理部指定人員將箱頭單或現品表與PACK、INGHST 或送貨單等對照，保證箱頭單或現品表與送貨單和實物三者一致。不一致的可以拒收或隔離存放待處理。

(3)驗收一致的物料由物料管理部擔當登記在《入/出庫明細表》放置於待驗區，並填寫《來料報告》經主管確認後，要求 IQC 進行來料檢驗。如果生產部急需的物料要在《來料報告》「備註」欄中註明，IQC 應優先進行檢查。

(4)來料檢驗後貼上「合格」標貼的物料，由物料員帶領搬運工放置於規定的合格區域，並收取由 IQC 檢驗員簽名，IQC 主管檢討確認的《來料報告》。對於 IQC 免檢的物料(主要是輔助材料)，倉庫擔當人員應主動進行自行確認(確認內容參見附件一)後在《入/出庫明細表》和現品表上寫明免檢物料。來料檢查不合格品，如在三天內無進一步措施，如退貨、特採等，即由擔當將其從待檢區移到不良品區待處理。

(5)對特採物料要有 IQC 貼上「特採」標貼，區分放置於合格區域並按要求發放，收取獲得檢討部門的簽名，由採購部經理簽字並獲得副總經理批准的《特採要求書》，應於《入/出庫明細表》中寫明以利跟蹤。

(6) IQC 判定不合格貼上「不合格」標貼後，採購部決定退貨的物料，由擔當放到不良品區，填寫《出庫單/退貨單》經主管和經理審核後退貨給供應商，並記錄於《入/出庫明細表》中。

(7) IQC 判定不合格貼上「不合格」標貼後，採購部決定挑選

的物料，由擔當放到不良品區，由供應商來人在 IQC 指導下進行挑選，挑選後由 IQC 依照《來料檢驗流程》進行檢驗。如必要時，IQC 在供應商進行現場檢驗合格並貼上「合格」標貼的物料，IQC 所做合格的《來料報告》要隨供應商送貨時一起送達，物料管理部才接收，然後可直接移入合格區存放、發料。

(8)物料搬運時，物料管理部依照《搬運作業指導書》使用手動鏟車和平板車實施搬運，限高 1.3 米，寬度不得超過卡板和車子寬度，五金料、塑膠料和其他貴重物料一起搬運時，應將五金料置於下層，塑膠料和其他物料置於上層。

(9)物料管理部發料時，依據物料性質、規格、性能和形態，用紙箱和塑膠箱，膠帶等包裝，放置，碼堆在平板車(或卡板)上，使用平板車(或鏟車)。用電梯搬運到各樓層。如搬運中，重要物料或產品掉在地上等可能受損時，應要求 IQC 或 OQC 重新檢驗。在搬運過程中使用的搬運工具需定期注油檢驗，如有問題，應向工程部提出修理，並在確認修好後才能再次使用。

2. 儲存

(1)為了防止使用或待運期中使物料受到損傷或變質，物料管理部專門設定區域，實行分區域保管物料，並按品種系列擺放，做到整齊有序。物料的儲存區域保持在溫度 22±8 攝氏度和濕度小於 80%R.H.R 的環境下，使用《倉庫 EMS 檢查清單》監控其環境變化，嚴格控制設施、有保存期限的物品和焊接用件。對於成品和包裝料的儲存區域要使其避免日光直射並保持通風。

(2)倉庫儲存物料時，輕的及易受潮的置於上層，重的置於下層，常進常出的擺在易出處。

(3)物料管理部堆放物料的高度依據《倉管員作業指導書》。

(4)物料儲存時，如有包裝受損，倉管員重新更換包裝，可將

原包裝的檢查標識件貼在新的包裝上。

⑸對於靜電易感物料，如 IC 等電子元件，應保存於良好的儲存環境，避免被氧化或腐蝕，並按顏色區分月份標識，以保證先進先出。

先進先出(FIFO)標籤的顏色代表一年中的 12 個月，具體內容如下：

- 棕色：一月　　・紅色：二月　　・橙色：三月
- 黃色：四月　　・綠色：五月　　・藍色：六月
- 紫紅：七月　　・灰色：八月　　・白色：九月
- 黑色：十月　　・金色：十一月　・銀色：十二月

註：

①有跨年度的物料須加貼一個紅色標籤，每跨越一個年度增加一個。

②標籤的顏色在設定方法上參照了色環電阻的標稱方法。

③標籤的形狀為圓形的油光帖紙，直徑分別是：32/16/8mm。

⑹生產線領料和物料管理部配料

①物料管理部 IC 類、輔助料類擔當收到由生產部主管、課長或經理審核後的《出庫單/退貨單》後，經物料管理部主管、經理批准後，按單上所列物料的品種、規格、數量依據先進先出的原則準確無誤地取發料，要由生產部物料員簽收並及時填寫《入/出庫明細表》。

②物料管理部除 IC 類、輔助料類外，其他類物料根據生產計劃，要由生產部主管、課長、經理審核後的《出庫單/退貨單》並經物料管理部經理批准後，由物料管理部主管、班長安排配料人員邀請各相關擔當根據《BOM LIST》，按物料的品種、規格、數

量依據先進先出的原則準確無誤地配料。配好上拉的物料經拉組長核實簽字後填寫《入/出庫明細表》。

③對緊急來料，IQC 來不及檢驗而蓋「緊急物料」先發料使用的物料和特採的物料應於《入/出庫明細表》和《BOM LIST》中清楚註明以利跟蹤。

⑺在發積體電路、微處理元件等靜電易感物料時，應使用防靜電帶，工作臺應用靜電防護貨架和接地線。

⑻生產部生產過程中發生不合格物料時，由生產部物料員填寫《返納傳票》經拉長、主管核准後將返納的不良品放置於不良返納區，經 IQC 檢查確認後，由物料管理部擔當放到不良區，填寫《出庫單/退貨單》經主管經理審核後，由採購部通知供應商退貨，並記錄於《入/出庫明細表》上。來料不良的補料給生產部。作業不良的用 LOSS 補發，LOSS 不足時由生產部申購。

⑼生產部返納的作業不良品等，不能退貨的由物料管理部擔當填寫《不良物料報廢單》，經 IQC、採購部確認簽字後，經本部門主管、經理批准後報廢處理。

⑽貨倉盤點

①日常盤點：物料管理部倉管員依據「貨倉日常盤點目錄」(附件二)進行日常盤點，檢查帳本與物料是否相符，包裝有無損壞及其他可疑變質等，並將盤點結果記錄在《貨倉盤點報表》上，報主管經理審核後存檔。

②定期盤點：物料管理部擔當每季對部份物料進行一次盤點，檢查庫存物料與帳本是否相符，包裝是否損壞、及其他可疑變質等。並將結果記錄在《貨倉盤點報表》經物料管理部主管、經理批准後存檔。臨近年尾時，物料管理部擔當對所有物料進行年度盤點和總結。

③在盤點中如發現有損傷、變質等可疑物料，儲存期限超過一年以上的普通料，電池、PCB儲存超過三個月的，在《貨倉盤點報表》備註欄裏用文字註明，同時加蓋「可疑部品章」並放到不良品區，使其能夠區分，由物料管理部擔當填寫《來料報告》，並註明「重檢」通知IQC依照《來料檢驗流程》處理，檢查結果如合格就進入合格區保管，如不合格就要退貨或挑選或報廢處理。

(11)由於待定或取消訂單等原因引起長期庫存(超過三年)的物料，要區分標識隔離存放保證不混淆，在計劃使用前或必要時提出重檢。

(12)物料管理部為了保證最低庫存量，有多餘的庫存時，海外料用傳真形式通報海外業務部，國內料用《貨倉盤點報表》通報採購部，另由於用量變更減少而產生的庫存，都由採購部輸入電腦物料資料庫。由採購部和物料管理部雙向管理，以達到及時準確的轉用目標。

(13)物料管理部嚴格實行先進先出形式的在庫週轉。

(14)輔助材料管理輔助材料的類別包括：清潔劑類、膠水類、焊劑等。

①有危害性的化學品要由經過「物料安全資料表(MSDS)」培訓合格的人員專項管理，保證按要求進行儲存使用，瞭解急救措施，避免人身和財產受到損害。

②輔助材料的標識

採購員在採購此類材料時要求供應商提供產品說明書和出廠檢驗合格證，並在外包裝用《現品表》標識，以便識別準確的生產日期。

物料管理部在接收此類材料時確認是否符合前一項要求，並評估此類材料能否在有效期內使用完，離出廠日期過長的材料不

宜接收。

物料管理部在接收到此類材料後，根據原產品說明要求的保存期限，把「有效日期標籤」貼在外包裝明顯的位置上。例如：某清潔劑的有效期為兩年，生產日期為 2012.8.13，則有效期應為 2014.8.13。

物料管理部遵循「先進先出」的原則發放物料，避免誤發過期材料。

③輔助材料的使用及保存

生產線領取到此類材料後確保在有效期內使用完。

長時間不使用時，可退回物料管理部，進行調配使用，避免過期變質。

正在使用中的輔助材料，下班時必須密封瓶口，避免揮發或乾涸。

④輔助材料的報廢流程

在使用過程中發現有變質現象或未能在有效期限內使用完時，應返納物料管理部，由物科部擔當在現品表上標註過期材料進行識別，並填寫《不良物料報廢單》經本部門經理核准後報廢處理。但在數量比較多時，可以向工程部申請鑑定，看能否繼續使用。如鑑定結果 OK 時，在標識清楚使用期後儘快使用，用不完的和鑑定結果 NG 的一律報廢處理。

3. 包裝

當客戶有指定的外包裝要求時，要依據其標準制定《外包裝作業指導書》，按要求完成包裝後入庫待出貨。客戶未提出要求的依據公司標準進行包裝。

4. 保管

⑴ IC、TR 等要在常溫下保管，SOLDER PASTE 以及

ADHESIVECLUE 在冰箱裏保管，並依據《SMT 冷庫點檢表》進行點檢。

⑵生產部包裝完畢的產品，在現品表上標識「待檢」，如得到 QA 檢查合格後，在現品表上貼「QA PASSED」標籤，物料管理部擔當收到由生產部課長、經理審核後的《入庫單》，經物料管理部課長審核後，確認其 MODEL、LOT、P/ONO 數量等無誤，放入成品倉庫客戶待驗區並記錄於帳本上。

⑶成品倉內在成品保存期間，要在現品表上明確標識檢驗狀態，按不同客戶、機種的區域分類保管。

⑷客戶或 QA 出貨檢查合格後在「現品表」加貼「可以出貨」標貼，放到合格區域等待出貨。如不合格，蓋上「不合格」印章，依照《不合格品控制流程》處理。

⑸物料管理部在儲存物料時，在能夠明確區分不會有混用顧慮的情況下，才可能在同一箱裏存放兩類以上的物料。

⑹在成品的保管過程申，相關人員應對成品上的所有標識予以保護，防止包裝破損或產品損傷。

⑺成品保管時間如超過三週以上才出貨的，應申報 OQC 再檢驗合時方能出貨，如檢驗不合格，依第⑷項的規定處理。

⑻由於客戶待定或取消訂單等原因引起庫存的成品依照《品質保證流程》進行一年一次的重檢，以保證產品品質。如長期(超過三年)庫存的成品就應區分標識後隔離存放，保證不發生混淆，在計劃使用前或必要時提出重檢。

5. 交付

⑴生管部根據生產情況和 OA 檢驗狀態，將出貨可能數量通報給市場部。

⑵市場部根據顧客要求情況，將最終確定的出貨機種、數

量、貨櫃容量等內容同出貨指示書一起報給生管部和物料管理部。

(3)物料管理部根據《出貨指示書》及生產現況,準備出貨。

(4)物料管理部根據市場部通報到的出貨時間、船期、船舶等,聯絡運輸公司決定出貨的方式並出貨。

(5)本公司為了保證產品品質,交貨時只使用貨櫃或者篷車,使所有產品的裝船符合客戶指定的要求事項。裝車前填寫好《出貨明細單》。

(6)物料管理部在成品出貨裝車時,由物料管理部擔當和 OA 專門人員最終確認出貨的機種、LOT No.、數量、CARTON No.、流水號和出貨地點等內容,搬運中依據《搬運作業指導書》用堆高車和手鏟車把箱子碼垛整齊,並小心搬運,使包裝箱上的標籤、SHIPPING MARK 等不受損傷。客戶要求外包裝的要依照《外包裝作業指導書》進行外包裝後才出貨。

(7)裝車完畢後,物料管理部擔當和 QA 專門人員再次確認無誤後,將《出貨明細單》由課長、司機簽名和物料管理部經理審核後才可放行貨車離廠。

(8)運送過程到碼頭為止的保護事項由承擔運輸的公司按合約進行。

(9)出貨完畢後,物料管理部填寫《出貨報告書》得到經理核准後,通報給市場部,並分發生管部等相關部門。

(10)產品出貨時依據顧客指定的運輸狀態、路線及貨櫃,對所有產品進行裝船,使其符合顧客的要求。

6.顧客退機的處理

(1)物料管理部接收到由市場部發出的顧客退機通報後,按計劃接收退機,並由品質部針對 MODEL 別進行檢討分析,得出 MODEL 別修理所需申請物料的百分率清單,提供給物料管理部

開始進行「RETURNSETS 材料申請」。

(2)物料管理部接收到由市場部 OPEN 後的結果通報後，就會做好接收準備。

(3)接收退機時由物料管理部負責從貨櫃中按原包裝狀態，使用堆高車和手鏈車，用電梯搬運到成品倉指定區域。

(4)如客戶有要求檢查時，由 OQC 負責人陪同客戶按批次對 RETURN 機進行檢查和確認。

(5)客戶檢查完畢後，由物料管理部對 RETURN 機按 MODEL 別進行 100%檢查其數量，將 OPEN 結果整理通報給市場部，並分發給相關部門。

(6) OQC 對 OPEN 後的 RETURN 機進行 100%的品質檢查。

(7)生產部根據生產計劃到物料部領取退機後進行修理或拆機，並將結果通報相關部門進一步採取措施。

(8)相關部門要尋求改善的對策，以便做到預防和改進。

六、支援性表單清單

表單名稱	表單編號
出庫單/退貨單	QR－X036
貨倉盤點報表	QR－S001
出貨明細單	QR－S002
出貨報告書	QR－S003
SMT 冷庫點檢表	QR－S004
入/出庫明細表	QR－S005
BOM LIST	QR－X041
來料報告	QR－Q021
不良物料報廢單	QR－X075
事故材料	QR－X076
倉庫 EMS 檢查清單	QR－S007
海外供給物料問題點報告	QR－S006
靜電手套檢查表	QR－X062

附件一：貨倉人員自行確認項目內容

1. 品名、規格、型號，參考 P/L 進行確認；

2. 數量：送貨單與來料的確認，包括點數與檢查；

3. 說明書：要能瞭解到使用方法與注意事項；

4. 檢驗成績書或合格證，全部都需要；

5. 外觀與包裝狀態：符合要求，無異常；

6. 生產日期：清晰可辨，符合規定；

7. 成分證明：對於新入材料，需要提供成分鑑定證明；

七、MSDS：需要提供新入的化學品類材料；

八、安全性證明：首次提供安全物件需要出具安全合格證明。

附件二：貨倉日常盤點目錄

序號	物料類別	盤點週期	備　　注
1	IC 類	10 天	全部盤點
2	一般電子類	一個月	根據實際需要盤點抽籤物料
3	DECK 類	半個月	根據實際需要盤點指定物料
4	五金類	一個月	只盤點經理指定部份物料
5	塑膠類	一個月	只盤點指定部份物料
6	輔助材料類	50 天	根據實際需要盤點部份物料
7	包裝材料類	一個月	根據實際需要盤點部份物料
8	成品機類	每日	只盤點經理指定部份

第 *13* 章

倉庫管理的實用技術

一、庫存管理的檢核表

1. 物料分類

(1)物料的分類是否適當？

①成本計算上的分類

②管理計算上的分類

③使用目的上的分類

(2)能否編號(Code)，編法是否適當？

2. 物料的標準化

(1)能否使用標準品、規格品？

(2)資料的價格內容適切否？

3. 庫存量的檢討

(1)能否使庫存量更少？

(2)該物品有無常備的需要？

①如訂購次數多的話，是否可以不要常備？

②如能遵守交期,是否可以不要常備?

⑶常備該物品與需要時再購入,何者有利?

①承訂商是否偏遠?

②訂購業務是否復雜?

③庫存物品是否需要寬廣的場地?

④如需要該物品,一個月有幾回?

⑤可否遵守交期驗收,是否需要很多的日數?

⑷是否為劣化特性而備的常備量?

⑸常備品是用訂購點法還是定期訂購法呢?

①抑減訂購未交量是否花時間?

②該物品與其他物品比較是否屬高價?

③在量方面是否比其他物品多?

⑹考慮庫存週轉率而後決定購入量是否妥當?物料的週期轉率是否低?

⑺確認庫存量可否簡單進行

4.訂購手續的檢討

⑴訂購手續是否過早?對於需用之時期而言,訂購是否過早?

⑵可否推掉繁雜的文書手續,訂購手續能否更為簡單?

5.價格決定的問題

⑴該業者的預估價格是否正確?有無調查?

⑵該預估的材料費、間接費、直接費,利益正確否?

6.購備中或製作中的問題

⑴製作時的作業方法是否適切?

①能否以更便宜的方法生產,有無更便宜的方法?

②變更過的作業方法是否不佳,作業方法是否仔細加以研究過?

③變更過的制程順序是否更為適切？

(2)是否以適全生產量的安排程序來生產？安排程序是否過於離譜？

③支用的材料形狀、品質是否適當？

(4)餘材的處理方法是否決定？

(5)有無遵守交期？交期是否過短？

(6)有無日程管理上的問題？

(7)是否以適當的速度生產，亦即從始至終，其製造日程是否正確？

7. 驗收階段

(1)驗收時，是否一定確認現物？

(2)有否完全不驗收不良品的檢查？檢查規格是否過嚴？

(3)驗收有否花費無效時間？

(4)想到購入品的包裝、輸送否？

8. 保管階段

(1)保管方法

①保管場所為中央倉庫或工廠分庫？

②使用面積是否極經濟的使用？不光是床面，是否想到空間的利用？

③庫存方法有無考慮的餘地？

④物料的出入便利否？識別是否容易？

⑤數量的確認是否便利(採用十進法)？

⑥有否考慮到價值的減少？

⑦有否進行龜裂、濕氣預防？有無更佳的陳腐化對等？

⑧資料有無變質或劣化的性質？

⑨貯藏場所如由照明、日照、溫度、濕度等環境來想是否擔心

變質、劣化？

⑩先進先出是否方便？

(2)識別

①為了使誰都可以取出，有無明確保管場所？

②為了使出貨簡單，分類是否清楚？

③依據規格、大小等有無統一的放置方法？

④有無使用棚架、保管箱等設備？

⑤材質的標示是否清楚？

⑥有捆包的是否有標示內容？

(3)倉庫內搬運

①為使搬運距離最小，有無加以檢討？

②使搬運機械化，能否減輕搬運費？

③搬運機械(如叉舉機、吊車)是否依物料的形狀、重量的特性而妥當使用？

④搬運用容器是否適當？

9. 出貨階段

(1)是否採行先進先出法？

(2)出貨時是否一定確認現物？

(3)是否準備有計數的工具？

(4)現物的出貨，有無依傳票正確的進行？

10. 記賬

(1)該記錄為何而記？

(2)是否所有的專案均需記錄，在帳單上是否可只設需要之欄？

(3)帳單上有無不充分的地方？

(4)庫存的情報是否順遂流於所需之課(科)去？由此記錄可否採取適切的管理行動？

(5)該記賬由誰做較為妥當？

現品管理者、購入計劃者、物料計劃負責人、專任者、還是其他？

(6)記賬方法可否更為簡略化？

(7)物料計劃部門與保管部門之間有無重覆業務？如有可否消除？

11.其他

(1)是否需要重編庫存管理系統？

(2)再與專案的技術員商談，兩者如贊同必須降低 20%成本時，可共同研究該方法。

(3)與此相似的常情，其他部門如何進行。

(4)調查競爭者如何做。

(5)情報是否常回饋。

(6)此是否需要重新計劃實施？

(7)成果的檢討是否重覆進行？

二、倉庫管理的環境

倉庫管理包括下面的幾個過程：

1. 物料的驗收與入庫過程；

2. 物料的保管過程；

3. 物料的發放過程；

4. 清倉與盤點過程；

5. 安全與事故防患過程。

圖 13-1 倉庫管理的環境

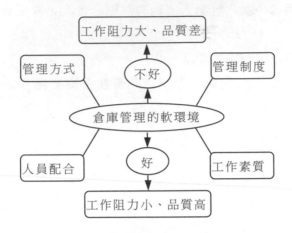

圖 13-2 倉庫的管理過程示意圖

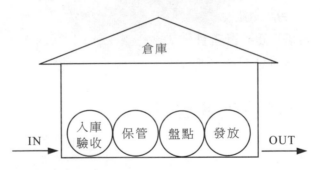

1. 把好入庫的「三關」

「三關」：驗收的數量關、檢查的質量關、保存的單據關。物料只有順利地通過三關後，才能辦理入庫、登賬、立卡等手續。

2. 物料的保管方式

凡需要在倉庫保管的物料，要做到：

(1)擺放科學，包括：擺放合理、整齊，標誌鮮明，方便存取；

⑵確保質量，包括防銹、防塵、防潮、防壓、防爆、防變質、防損害；

⑶確保安全，包括：防災、防黴變、防損；

⑷賬、卡、物相符合。

3. 物料發放與盤點

發放物料的方式應與具體的生產方式相適應，目的是確保及時供給物料。盤點則相當於總結，規範物料的核銷制度，嚴防浪費，消除呆料、壞賬。

三、「先進先出」的管理原則

1. 什麼是先進先出

⑴先進先出(FIFO：First In First Out)：就是發出物料時要按物料入庫的順序把先入庫的物料先發出去，後入庫的物料後發出去，以防產生不適當的積壓。

⑵先進先出是發出物料的根本原則，適合於物料管理部管理的所有物料。

⑶先進先出的實施依據是物料的入庫日期，但最根本的依據還是物料的生產日期。也就是說當物料的入庫日期與生產日期發生矛盾時，要以生產日期為準進行。

2. 色標管理法

色標管理法是實施先進先出的基本工具，它的內容是：

⑴制定不同顏色的貼紙（即色標），其顏色的種類數要以物料的轉運週期為基準予以確定。一般有按年度制定的，需要 12 種；按半年度制定的，需要 6 種；按季制定的，則需要 4 種。

⑵制定色標的使用規定，即那個月需要使用那種色標。

(3)接收物料時一律在其外包裝上加貼規定的色標。

(4)發出物料時便可以按醒目的色標搬運物料。

3.先進先出的實施方法

先進先出的實施過程要遵循如下的方法進行：

(1)廣泛宣傳、培訓、灌輸思想，包括上課、張貼制度、標語等；

(2)形成制度，嚴格落實；

(3)既然是規定的原則，就要按原則辦事；

(4)創造可以實施先進先出的現場，不要讓人想做卻做不到或很難做；

(5)對於規定的需要「後進先出」的情況要能明確區別；

(6)有必要時要建立監督機制。

四、色標管理法規定

1.色標的式樣

形狀：圓形

尺寸：直徑 32／16／8mm

紙質：彩色油光紙

粘性：可以粘貼各種固體物

2.色標的顏色規定

月份	1月	2月	3月	4月	5月	6月	7月	8月	9月	10月	11月	12月	備用色
顏色	棕	玫紅	粉紅	橙	黃	白	灰	淺綠	綠	藍	紫	黑	紅

3.色標使用方法

(1)使用範圍：化工原料、有機溶液、各種試劑；

(2)粘貼位置：包裝袋的開口位置正中間，器皿的正前方醒目處；

(3)責任人員：由物料擔當人員按規定粘貼；

(4)永久粘貼，隨原包裝一起存在。

4. 特殊情況處理

跨越年度的處理：當粘貼的色標已跨越一個使用年度（週期）時，則需要在其原色標的旁邊加貼備用的紅色標籤。每跨越一個使用年度，需要增加一枚紅色標。

五、危險物品的管理

危險物品因為其本身存在危險性，所以，一般要根據物品的危險程度實施不同級別的管理。常見的方法有隔離管理法和專用倉庫管埋法。

1. 隔離管理法

即是把存在危險性的物品與其他物品隔離開來，分別放置。如包裝完好的化工原料、印刷油墨等。具體方法是：

(1)劃分好需要隔離的區域；

(2)設置必要的柵欄等隔離器具；

(3)標識並指示隔離區域；

(4)按規定保管存放的隔離物品；

(5)注意加強監視被隔離物品的存放狀態。

2. 專用倉庫管理法

專用倉庫管理法是設置專門用途的倉庫，用以存放高危險性的物品。如炸藥、汽油、天那水等。具體方法是：

(1)針對存放物品的特性要求建造適宜的庫房；

(2)建造完成後需要得到專家的認可；

(3)制定專用庫房管理細則；

(4)培訓倉管人員；

(5)按規定保管存放的專門物品；

(6)加強各種環境要求的監控；

(7)隨時檢查專門物品的狀態；

(8)倉庫主任要定時監督並確認。

六、貴重物品的管理

貴重物品因為價值較高，所以，一般要根據物品的貴重程度實施不同級別的管理。常見的方法是保險櫃管理法和專用倉庫管理法。

1. 保險櫃管理法

主要適合於保管金、銀、水銀等貴重物料。保管時實行二人管理制，具體方法如下：

(1)將保險櫃放置在規定的倉庫內；

(2)保險櫃由二人(保管員和監督員)掌管密碼，只有二人同時在場時方可開啟；

(3)建立保管物料的清單，實施記賬和過磅管理；

(4)倉庫主任每月點檢確認一次。

2. 專用倉庫管理法

主要適合於保管 IC、焊錫條、羊絨等價值比較高，且數量又大的料。保管時實行專人專管的管理制度，具體方法如下：

(1)專用倉庫設置成防盜型的，如配置自動報警和監視系統，安裝防盜門、密碼保險窗等；

(2)指定專職倉管員進行物料管理；

(3)一般至少需要每週盤點；

(4)擔當人員須每週向上級報告工作主要內容；

⑸倉庫主任每月點檢確認一次。

七、如何管理長期庫存品

長期庫存的產品是不合理的，應該儘量減少這類物品或及早採取辦法消除。它們一般是由於一些非正常原因造成的，例如：

1. 因商務糾紛被終止出貨的產品；
2. 因法律事務被禁止出貨的產品；
3. 因採購失誤而錯購買的材料；
4. 因設計變更而無法繼續使用的材料；
5. 因功能或技術等方面的原因而擱置的器械；
6. 其他無法及時處理的物料。

圖 13-3　長期庫存的物品是浪費

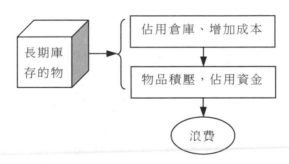

對長期庫存物品的有效管理要從如下兩個方面下手：

1. 是要加強養護，確保這類物品不會因貯存而性能下降；
2. 是要積極採取措施，想辦法儘早處理、利用這類物品。

對長期庫存的物品按如下方法實施管理：

1. 指定隔離的專門存放區域；
2. 定時檢查區域的存放環境；

3. 定時確認存放物的包裝狀態和完好度;

4. 按月別向生管辦通報被存物的狀況;

5. 如有可能出貨或使用時要提前通知品質部重檢;

6. 如有變質或不宜繼續存放時要迅速處理;

7. 適當考慮存儲成本;

8. 賬目要清楚,不要製造壞賬。

八、易生銹材料的管理

易生銹材料是指那些具有加工切口的鐵類物料,因其切口處沒有抗氧化的保護層,故而容易發生氧化生銹。如有沖口的機器外殼,有螺絲口的墊片等。對這類物料的管理按如下方法進行:

圖 13-4　易生銹物品的管理方法

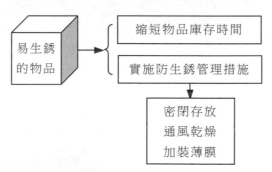

1. 設置易生銹材料倉庫;

2. 按防銹標準要求實施管理;

3. 嚴格控制易生銹材料的庫存時間;

4. 嚴格執行先進先出的原則;

5. 一旦發生生銹現象時要及時通報並處理;

6. 檢討導致生銹產生的原因,積極採取應對措施;

7. 記錄庫區管理的有關資料，分析、判斷和預後；

8. 在必要時製作控制圖，用以有效管制；

9. 倉庫主任須按月別確認管理效果。

九、易損物品的管理

易損物品是指那些在搬運、存放、裝卸過程中容易發生損壞的物品，如玻璃和陶瓷製品、精密儀錶等。對這類物品按如下的方法實施管理：

1. 嚴格執行小心輕放、文明作業；

2. 盡可能在原包裝狀態下實施搬運和裝卸作業；

3. 不使用帶有滾輪的貯物架；

4. 不與其他物品混放；

5. 利用平板車搬運時要對碼層做適當捆綁後進行；

6. 一般情況下不允許使用吊車作業；

7. 嚴格限制擺放的高度；

8. 明顯的標識其易損的特性；

9. 嚴禁滑動方式搬運。

圖 13-5　易損壞物品的管理要點

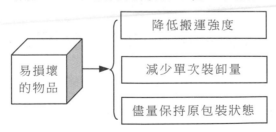

十、敏感材料的管理

敏感材料是指那些材料本身具有很敏感的特性，如果控制失誤就有可能導致失效或產生事故。如材料磷可以在空氣中自燃，IC 怕靜電感應，膠捲怕曝光，色板怕日曬風化等。對這類物品按如下的方法實施管理：

1. 接收並明確原製造商的要求；

2. 培訓倉管員瞭解和掌握該類物品的特性，實施對口管理；

3. 有必要時要設置專人保管倉庫；

4. 務必在原包裝狀態下搬運、保管和裝卸；

5. 設置必要的敏感特性監視器具，以便有效消除敏感的環境因素；

6. 必要時向有關專家諮詢管理的建議措施。

圖 13-6　敏感材料的管理要點

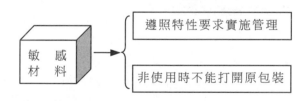

十一、有效期限短的物品管理

有效期限較短的材料是指材料的有效期限不滿一年，或隨著時間的延長其性能下降比較快。如電池、黃膠水、PCB 等。對這類物品按如下的方法實施管理：

1. 嚴格控制訂貨量，儘量減少積壓；

2. 嚴格控制庫存時間；

3. 必須按材料的製造日期嚴格實施先進先出管理。

圖 13-7　有效期限較短的材料的管理要點

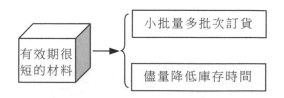

十二、倉儲成本控制

倉儲工作是大量佔用公司資金的一個環節，倉庫建設、維護保養、物品入庫和出庫等都要耗費大量人力、物力、財力，倉儲過程中的各種損失也會造成大量的消耗。為控制倉儲佔用過多的資金，特制定本方案。

(一)優化倉庫設計佈局

公司應將倉庫劃分為入庫區、倉儲區、出庫區、月台和辦公區。

1. 入庫區，其主要功能是卸貨、驗收、搬運入庫等。

2. 存儲區，其主要功能是貨物的儲存保管、搬運等，根據貨物的狀態，存儲區可劃分為待檢區、待處理區、合格品儲存區及不合格品隔離區。

3. 出庫區，其主要功能是貨物捆紮、搬運出庫、裝載等。

4. 月台，用於連接運輸工具與倉庫。

5. 辦公區，作為倉儲管理人員的工作地點。

(二)提高倉庫空間利用率

公司設計倉庫時，應充分考慮「向縱深要效益」，可採取以下三種做法。

1. 根據貨物的物理特徵，盡可能將其往高處碼放，增加儲存的高度。

2. 縮小庫內通道寬度，以增加儲存有效面積。

3. 減少庫內通道數量，以增加有效儲存面積。

4. 公司使用高層貨架倉庫、集裝箱等方式，這樣可以比一般的堆存方法大大增加存儲高度。

(三)提高倉儲作業效率

1. 倉庫管理員應將貨物卡放置在通道這一面的顯眼處，以方便貨物出入庫作業及盤點作業。

2. 將出貨和進貨頻率高的貨物放在靠近出入口、易於作業的地方，將流動性差的物品放在距離出入口稍遠的地方。

3. 將同一類貨物或類似貨物放在同一地方保管，方便員工記憶貨物的放置位置。

4. 安排貨物放置場所時，應把重的物品放在下邊，把輕的物品放在上邊。

(四)依據先進先出的原則

對於在庫保管的貨物，特別是那些易變質、易破損、易腐敗以及機能易退化、老化的貨物，應盡可能按照先進先出的原則，加快週轉。

(五)採用有效清點方式

1. 採用「五五化」堆碼方式，即儲存貨物時，以「五」為基本單位，堆成總量為「五」的倍數的垛形，如梅花五、重疊五等，這樣可以加快人工點數的速度，減少差錯。

2. 設置光電識別系統，即在貨位上設置光電識別裝置，透過該裝置對貨物的條碼進行掃描，可獲得準確的數目。

3. 使用電子電腦監控，避免人工存取易出現的差錯。

(六)透過經營盤活倉儲資產

若公司不能有效使用或者只是低效率使用倉儲設施設備，如倉庫、貨架、託盤等，可以考慮採取出租、借用或出售等多種經營方式盤活這些資產，提高資產的利用率。

案例　高雄出口加工區工廠實例

1. 現況缺失

⑴呆料之主要來源

①生產計劃變更，導致物料成剩餘呆料。

②機器淘汰，修護使用之零配件變成呆料。

③存量過多。

④出現新物料，致使舊物料廢棄不用。

⑵廢料之主要來源

①生產過程中產品或半成品之報廢。亦即在加工製造過程中的不良品，及生產完成後在成品檢驗階段被淘汰掉的成品。

②設備、機器零件、原料、成品、機器、工具等之報廢。

③一般物品之報廢。如辦公用品(文具、紙張)、鐵、錫筆等。

(3)呆廢料之處理

對於已發生之呆料，除了極少數之材料，撥交生產單位作為訓練新進員工操作之用外，其餘均視同廢品，向有關機關申請報廢。經核准後連同廢料一起出售。故呆料除了在確認過程中與廢料有別外，其處理方法、處理程序大抵與廢料同。

現將該公司物料報廢之處理程序簡單說明於下：

申請報廢之物品，可概分為三類，其中第一類物品(如設備、機器零件、原料、成品、機器、工具等)之報廢，必須先申請公司內部之報廢，經核准後才向外界各有關機構申請報廢。而第二類物品(生產過程中之不良品，及入庫之前被淘汰掉的成品)之報廢，則因其發生系屬正常情況，且每天都會發生，故不必經過內部報廢之申請，而直接由財務部定期(每兩星期一次)向外界有關機構申請報廢。至於一般物品(如辦公用品、鐵、錫等)之報廢，則程序更為簡單，內部與外部之報廢申請均免。

欲報廢之物品一律以物料移轉單移入各有關之分倉庫，最後彙集在總倉庫，以等待出售。

經公司內部、外部各有關單位或有關人員核准物品之報廢與出售後，採購部即可通知報廢品收購商前來收購。

2.問題分析

本公司在廢料之處理方面成效頗佳，但在呆料之處理方面，除呆料之對外拍賣作業較注重時效外，對呆料之處理態度。則顯得不夠積極。推究其原因可歸納為下列幾點：

(1)呆料之認定較為困難，不僅需要內部作業且需要外部送審。手續繁雜。

(2)庫存物料之呆料認定，系由存量管制部料賬人員於每隔一

段期間檢討存量管制卡時，將久無撥發記錄之物料。列成清單，先由該部主管審核再呈物料管理部經理審核，最後再呈總經理批示，才完成公司內部之呆料報廢手續。至於申請公司外部各有關機構對呆料之核准，其手續更為繁雜。

(3)倉儲人員未參予呆料之認定工作。平常庫房管理人員雖已感到某些物料在庫房呆置已久。影響正常儲存效率，但礙於存量管制部未提出清理呆料之指示。故無法採取行動。由現況知，倉庫只是呆廢料最後歸集之場所。其工作人員無權對呆廢料作任何決定。

(4)價值昂貴之原料或機器零件。雖然久存庫房理應判為呆料。但因廢棄出售，損失不貲，故仍舊積儲庫房。日積月累下來，積儲數量頗為可觀。

3.改善對策

(1)倉儲單位應參與呆廢料之認定工作。由於倉庫管理人員對於所有物料之收發動態最為清楚，何項物料久無撥發，理應有所處理，何項物料品質低劣，應予清除等，均最為熟悉。故欲提高呆料之處理績效，應適度授權倉儲管理人員，使其能機動地提出處理呆廢料之請求，而非被動地只有存量管制部或上級有所提示的情況下，方能清理呆廢料。

(2)機械設備所儲存之養護配件，是否因為機械已行報廢，而其庫存配件成為呆料，此問題應由機械電工組人員定期予以檢討。

第 *14* 章

物料管理的搬運與裝卸

　　把物料由某一個位置轉移到另一個位置的過程就是搬運。但是，如果僅僅是物品位移的話也許這個搬運就是沒有意義的，甚至有時是失效的。例如，當把冰搬運到冷庫時已經化成了水；把中午飯搬運到工地時已是午後 3 點鐘等。所以，對於搬運過程要強調一些原則。

　　常見的搬運原則包括：

　　1. 搬運的時效性，即要遵守搬運計劃的規定，按時按量、準確而及時的實施搬運；

　　2. 搬運的質量，即要確保被搬運物料的質量不能降低，如不能發生性能損壞、物品變質等；

　　3. 搬運安全，即要確保在搬運過程中不能使人員、設備、物料等發生事故，如人身安全意外、設備損壞、物料丟失等，又要準確及時地完成搬運任務。

圖 14-1　搬運過程原理圖

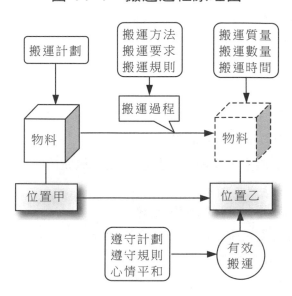

一、物品搬運計劃

　　搬運計劃是為確保生產順利進行而事先擬訂的物料裝卸、轉移和放置等具體活動的方案。它的內容一般包括如下幾點：

　　‧搬運任務，即搬運的物料種類、數量、時間等；

　　‧搬運目標，即搬運的作業質量、效率、成本等；

　　‧作業方案，即搬運方式、方法、路線、速度等；

　　‧搬運設備，即使用的器具、工具防護用品等；

　　‧工作配合，即搬運各關聯部門相互之間的聯繫、權責等。

1. 物品搬運計劃的關聯因素

制訂搬運計劃時應主要考慮如下的因素：

⑴物料本身的關聯因素，如物料的形態、體積、重量、數量、

強度、精細性、污染性、包裝狀態等。

⑵物料使用性因素，如公司的採購計劃、進料計劃、生產計劃、工藝流程、銷售計劃、運輸方案等。

⑶搬運環境因素，如搬運行程、距離，搬運頻率、物料活載程度、搬運時段等。

⑷搬運設備因素，如裝卸機器的性能、數量、能力，運輸設備、工具、輔具、防護器具的功能等。

⑸搬運者的因素，如搬運人員的數量、組成、技術水準、工作經驗、報酬方式、責任分擔等。

2. 物品搬運計劃的制訂原則

物料搬運計劃是主生產計劃下面的從屬計劃，它必須是為主生產計劃服務的，應遵循的原則包括：

⑴協調一致原則，即搬運計劃要與物流計劃、生產計劃、銷售計劃等保持協調性和一致性。

⑵科學性原則，即搬運計劃要體現出搬運過程的科學與先進性，例如合理的搬運方案、有效的搬運行程、最小的損耗、最大的安全、最少的成本等。

⑶防錯性原則，即要可以識別可能發生的搬運錯誤，並採取預防性措施，把可能出現的各種隱患消滅在萌芽狀態。

⑷靈活性原則，因為搬運計劃是為生產過程服務的，所以，它必須靈活地適應各種變化，做出必要的調整。

3. 物品搬運計劃的目的

制訂搬運計劃的目的是為了有效的實施搬運、規範搬運作業和持續改善搬運效率，具體包括如下幾方面：

⑴確保物流計劃順利實施；

⑵確保滿足生產計劃和工藝流程的需求；

⑶確保物流迅速、均衡、及時、滿足需求節奏；

⑷能更好地適應提高效率並改善生產；

⑸方便於提高搬運本身的作業效率。

二、物品搬運的控制

搬運程序控制就是為了達成搬運目標而採取的一系列作業技術和活動。控制的目的是為了防止原材料、外協件、在工品、完成品等物品在搬運中發生損壞、變質等，以確保最終產品的質量。

1. 搬運控制的類別

搬運程序控制的因素包括人、機、料、法、環等「4M1E」的五大方面，具體的內容包括：

⑴人：指搬運人員，關聯因素有紀律、素質、能力、態度等；

⑵機：指搬運設備，關聯因素有性能、適用性、完好度等；

⑶料：指被搬運的物料，關聯因素有物料自身的特性、包裝與防護性、精細度等；

⑷法：指搬運方法，關聯因素有線路、技法、規定、要求等；

⑸環：指實施搬運的環境，關聯因素有線路、技法、規定、要求等。

搬運程序控制的類型一般有預防控制、同步控制和跟蹤控制三種：

⑴預防控制

搬運系統的前期控制方法，也是對搬運系統輸入端的控制。預防控制內容主要有：

①對搬運人員實施培訓；

②對搬運設備檢查維修；

③學習操作技能；

④改善現場環境。

(2)**同步控制**

搬運系統進行中的即時控制方法，也叫現場控制或實地控制。同步控制的內容主要有：

①目視管理；

②現場指導、督促；

③臨陣協助、加油；

④人、機配合性工作引導；

⑤搬運效果管理。

(3)**跟蹤控制**

針對搬運結果進行的控制方法，也叫回饋控制。其特點是依據回饋的資訊、搬運結果等檢討搬運過程，對發現的偏差採取措施並在下一步作業中實施。主要內容有：

①確認搬運的質量、速度等，檢討搬運能力；

②確認搬運的安全、效率等，檢討搬運設備；

③對發現的問題分析原因、建立對策，實施持續改善；

④識別人員的搬運能力、耐受力等；

⑤研究搬運策略。

2. 搬運控制的內容

(1)**搬運控制的主要項目包括：**

①目標控制；

②質量控制；

③安全控制；

④效率控制；

⑤速度控制；

⑥線路控制；

⑦人員控制；

⑧成本控制。

⑵**搬運控制的主要內容包括：**

①搬運人員的招聘、訓練、考核、管理等；

②搬運設備的選擇、認可、維護、修理、應用、改造等；

③慎重識別被搬運物料的特性；

④規範工作流程、作業標準等；

⑤強化搬運防錯措施；

⑥建樹搬運制度，增強指揮與協調；

⑦改善環境、鋪路、防風雨等。

3. 搬運過程的控制方法

常用的搬運程序控制方法包括：

①建立搬運制度，必要時編制文件化的流程；

②規定搬運權責，明確分工；

③調控搬運活動，增進搬運適宜性；

④及時解決搬運中出現的異常問題；

⑤分析和總結搬運效果，優選搬運方案；

⑥制定搬運計劃；

⑦實施人員素質管理，獎優罰懶。

三、物品搬運的分工管理

物料搬運的品質管理就是針對搬運過程所實施的計劃、組織、協調和控制等綜合活動。因為搬運過程是生產流程中不可缺少的環節，所以，對於搬運質量的管理其實就是生產品質管理的一部份。

1. 搬運過程分工的管理

圖 14-2　物料搬運的大致責任分工

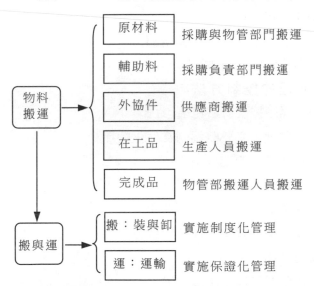

搬運品質管理的表現形式主要是：被搬運物品數量完整、品質良好、包裝未受到影響，且速度、時間、方式、效率等方面令人滿意，整個搬運過程安全可靠。

2. 搬運流程

物料搬運的品質管理還要注重搬運流程，並力圖最大限度的減少搬運次數、縮短搬運距離、消除無效的搬運。

圖 14-3 物料搬運的基本流程

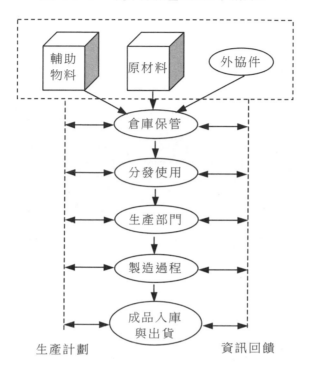

四、如何進行合理化搬運

1. 合理化搬運的衡量標準

合理化搬運是一種狀態，也是一種趨勢，其實它並沒有什麼衡量標準，這是因為壓根兒世上就沒有絕對的合理化。但是，在日常工作中，本著「英雄所見略同」的觀點，我們可以總結出一些普遍的規則，權且就當它們是衡量標準吧。這些內容大致是：

⑴盡可能少的投入人力；

⑵投入的設備、器械、工具等要盡可能適用；

⑶對被搬運物料幾乎無損耗；

⑷搬運方法科學、文明；

⑸搬運環境安全、適可。

2.減少搬運次數

減少暫時放置的發生機會，盡可能實現搬運一次到位。

圖 14-4　暫時放置是增加搬運次數的首要原因

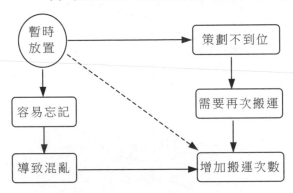

掌握合適的單位搬運量是減少搬運次數的另一個重要因素。

3.縮短搬運距離

⑴合理規劃工廠佈局，可以有效縮短搬運距離。

⑵在工廠佈局已經確定的情況下，合理規劃流程、及時制訂搬運計劃，可以有限度縮短搬運距離。

4.提高物料活載程度

物料的活載程度是指物料被移動的難易程度。例如，放在貨架上的物料就比堆放的物料容易搬運，則前者的活載度就大些。放在託盤上的物料比放在傳送帶上不易搬運，則前者的活載度小些。在實際生產中，為了便於搬運作業，應盡可能地提高存放物料的活載度。

常用的提高活載度的方法包括：

(1)採用自動包裝、送料；

(2)採用傳輸帶送料；

(3)將卡通箱存放於標準尺寸的託盤上；

(4)將散料裝箱；

(5)多採用專用的物料裝載器具；

(6)設計合理的物料裝載器皿，並正確使用；

(7)在物流的全系統內及時貫徹程度或制度。

5. 提高作業的機械化和自動化水準

從某種意義上說，先進的東西自然是合理的，也就是說當先進的東西誕生後不再先進的東西就變得不合理了。因此，為了實現搬運合理化，我們應該盡可能多的使用先進的搬運設備和搬運技術。例如：搬運設備機電一體化，搬運方式自動化。

6. 科學化的搬運作業

科學化的搬運作業的內容包括：

(1)搬運作業人員的高度責任心；

(2)良好的行業作風和職業道德；

(3)熟練的技術；

(4)嚴格按指導書要和各種規定的要求作業；

(5)愛護並保護被搬運的物料；

(6)保護並維護搬運設備；

(7)減輕人員勞動強度；

(8)改善勞動條件；

(9)確保作業安全；

(10)物料堆放合理、穩固、整齊，且標識分明；

(11)有全局觀念，主動為下一道工序的業創造便利。

五、搬運作業指導書

1. 認識搬運作業指導書

搬運作業指導書是一種規範性的文件，它為廣大搬運人員實施搬運作業提供了指導，並具有依據性。它的作用和要求如下：

(1)明確目的：為指示搬運方法，明確步驟，規範搬運作業，從而確保物料能夠得到妥善的搬運，故制定物料搬運作業指導書。

(2)明確範圍：本搬運作業指導書適合於所有在公司內發生的搬運和裝卸作業，也包括公司外部人員在公司內部進行的搬運和裝卸作業。

(3)明確權責：

①物料管理部課長負責制定/修訂本指導書；

②各級管理者有責任實行監督；

③所有人員實施搬運時應遵守本作業指導書。

(4)搬運作業指導書應包括如下的內容：

①搬運人員的職責；

②搬運設備、工具的使用方法；

③搬運方式選擇方法；

④搬運過程注意事項；

⑤搬運事故處理方法；

⑥物料裝載、卸下、堆放物料的方法；

⑦特種物料搬運方法；

⑧適當的圖示指引；

⑨搬運安全事項。

(5)搬運作業指導書應屬於受控文件。由文控中心負責實施受控

管理，在現場流通中應使用有效版本的複製文件。

2. 掌握搬運方法

搬運方法是為實現搬運目標而採取的搬運作業手法，它將直接影響到搬運作業的質量、效果、安全和效率。搬運方法應在搬運指導書中有具體體現。

(1)按作業對象可分為：

①單件作業法，即逐個、逐件的進行搬運和裝卸。主要是針對長大笨重的物料。

②集裝單元作業法，即像集裝箱一樣實施搬運。

③散裝作業法，就是對無包裝的散料，如水泥、沙石、鋼筋等直接進行裝卸和搬運。

(2)按作業手段可分為：

①人工作業法，即指主要靠人力進行作業，但也包括使用簡單的器具和工具，如扁擔、繩索等。

②機械作業法，即借助機械設備來完成物料的搬運。這裏的機械設備不僅僅指簡單的器具，還應包括性能比較優越的器具，如裝卸機等。

③自動作業法，一般是指在電腦的控制下來完成一系列的物料搬運。如自動上料機、機電一體化傳輸系統等。

(3)按作業原理可分為：

①滑動法，就是利用物料的自重力而產生的下滑移動。例如滑橋、滑槽、滑管等。

②牽引力法，即利用外部牽引力的驅動作用使物料產生移動。如拖拉車、吊車等。

③氣壓輸送法，即利用正負空氣壓強產生的作用力吸送或壓送粉狀物料。如水泵、負壓傳輸管道等。

(4)按作業連續性可分為：

①間歇作業法，即搬運作業按一定的節奏停頓、循環。如起重機、堆高車等。

②連續作業法，即搬運作業連續不間斷的進行。如傳送帶、捲揚機等。

(5)按作業方向可分為：

①水平作業法，也就是以實現物料產生搬運距離為目的搬運方法。如把物料由甲地運往乙地。

②垂直作業法，也就是以實現物料產生搬運高度為目的搬運方法。如把物料由地面升到一定的高度。

六、搬運的有效性

搬運的有效性是針對搬運結果而言的，也就是說搬運結果對於物品的使用或存放應該是有效的。

搬運有效性的內容一般包括如下幾點：

1. 搬運結果要到位，最好是一次到位，做好做徹底，不要有再次搬運的機會；

2. 擺放方式要符合，例如，物品的放置體位、方向等，不要再留有返工的機會；

3. 放置環境要符合，例如，放置區域、週圍的環境，要盡可能減少暫時存放的機會；

4. 杜絕或減少搬運損失，包括丟失、打破、變形、洩露、揮發、擠壓等因素導致的各種損耗；

5. 節減搬運成本，選擇使用合理的搬運方式，可以選擇機械化、自動化、人工等多種搬運方式，但前提是用最低的綜合投入實現最

大的搬運量。

6. 消除危險因素，在搬運過程中安全使用搬運器具，不要顧此失彼，不要製造危及別人的隱患。

圖 14-5　有效的搬運過程

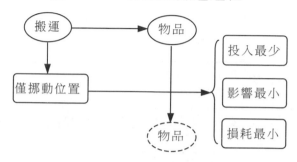

七、如何實施搬運品質管理

1. 搬運品質管理的直接責任者是搬運組主任，各擔當人員有責任遵守各項制度並服從主任的管理。

2. 搬運品質管理貫穿於整個生產的全部過程，不僅在生產中要實施，在生產前和生產後也要實施。

3. 搬運品質管理從搬運計劃開始，包括所有的搬運過程和環節，目標是實現搬運的有效性並進一步改善搬運過程。

4.實施搬運品質管理的步驟：

圖 14-6　實施搬運品質管理的步驟

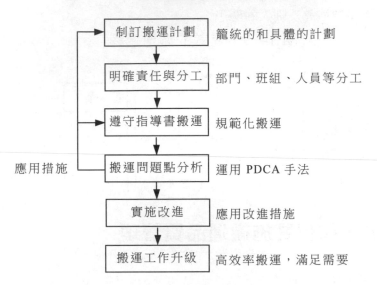

5.提高搬運質量的方法一般有如下幾點：

(1)實施搬運系統調查和分析，選擇最優搬運方案；

(2)切合實際搞搬運；

(3)合理化策劃並實施搬運；

(4)盡可能的運用機械、自動化設備；

(5)科學制定搬運計劃；

(6)預防保養搬運設施；

(7)必要時，建設專門的搬運通道；

(8)重視建設搬運的組織、制度。

八、裝卸方法

　　裝卸方法是指按照搬運計劃將物料裝上搬運設備或從搬運設備上卸下的作業方法和操作手法。裝卸操作一般發生在搬運過程的起止點上，對搬運質量往往具有決定性的影響。

1. 決定裝卸方法的因素

　　決定裝卸方法的最主要因素是被搬運物料本身的特性，什麼樣的物料就採用什麼樣的裝卸方法，這些因素主要包括：

　　(1)物料的形態，如固體、液體、氣體、粉末、散件等；

　　(2)物料的體積，如超高、超長物料或細小物料等；

　　(3)物料的重量，如超重物料；

　　(4)物料的特別性，如屬於易燃、易爆、危險物料；

　　(5)物料的數量，如數量特別多需要連續作業，或只有幾件等。

2. 裝卸方法應用

　　⑴常規裝卸法，適合於普通物料的搬運，如：

　　①手動裝卸、抱、拿、持等方法；

　　②機械裝卸；

　　③自動裝卸。

　　⑵特殊裝卸法，適合於特殊物料的搬運，如：

　　①管道式裝卸；

　　②壓縮裝卸；

　　③防護式裝卸。

　　⑶專職裝卸法，即聘請公司外部的專職搬運公司進行裝卸，適合於特殊物料的專門搬運，如：

　　①大型機械設備；

②放射性物料等。

3. 裝卸方法的重要性

一般情況下，裝卸過程中對物料造成的損害約佔整個搬運過程中總的損害的七成以上。而且裝卸中對物料的放置效果也影響到其後的運輸和存放。

圖 14-7　裝卸方法對搬運質量具有重要影響

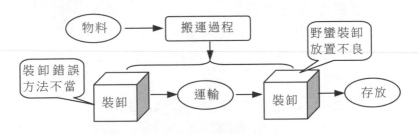

九、特殊物料的搬運技法

1. 特殊物料的類別

特殊物料是指那些具有特殊的物理性、化學性、工藝性以及其他方面性能特性的物料，在搬運時需要按特殊要求進行。這些物料包括：

⑴危險品，如汽油、橡膠水、炸藥、壓縮氣體、液化氣體等；

⑵劇毒品，如農藥；

⑶腐蝕品，如硫酸；

⑷超長、大、重物料，如橋樑、管道、大型設備等；

⑸放射性物料，如射線器械；

⑹貴重物料，如金、銀、玉器等。

2.特殊物料的搬運方法

因為特殊物料的搬運有效性對搬運過程具有重大影響，如可能導致人身傷亡或造成重大財產損失，所以，對這類物品的搬運要格外慎重，必要時專門處理。下面介紹的一些方法可以參照：

⑴搬運人員方面：確保人員技術熟練、經過專門培訓、體檢合格；

⑵搬運班組方面：由挑選的合格人員組成，並指定具體負責人、明確職責；

⑶裝卸現場方面：設置防爆照明燈、防護管理措施；

⑷配備合格的專用工具，如油罐車、冷藏車；

⑸裝卸開始前要全面確認，消除危險隱患；

⑹作業開始前要根據有關的專業要求進行必要的防護，並做好消防措施、傷員搶救和其他緊急對應措施；

⑺作業中要嚴格執行作業標準和有關要求，如有必要，有些搬運操作應在技術專家的全程監督下完成；

⑻運輸途中要監視，嚴防意外發生。如發現有隱患存在時要及時採取處理措施，防止事態擴大；

⑼擺放前和卸車後要認真清掃貨位和車輛，並按有關規定酌情處理；

⑽以認真的態度文明搬運是一切搬運工作的基礎，但對於搬運特殊物料則顯得更為重要。

3.特殊物料的搬運要求

⑴爆炸品的搬運要求如下：

①裝卸車時詳細檢查車輛，車廂各部份必須完整、乾淨和乾燥，不能殘留酸、堿等油脂類物品和其他異物；

②作業前檢查危險品的包裝是否完整、堅固，使用的工具是否

適合、良好；

③要求參加作業的人員禁止攜帶煙火器具,禁止穿有鐵釘的鞋；

④搬運交接物料時要手對手、肩靠肩,交接牢靠；

⑤裝卸時散落的粉、粒狀爆炸物要及時用水濕潤,再用鋸末或棉絮等物品將其吸收,並將吸收物妥善處理。

⑵氧化劑的搬運要求如下：

①裝車時車內應清掃乾淨,不得殘留酸類、煤炭、麵粉、硫化物、磷化物等；

②裝卸車前應將車門打開,並徹底通風；

③散落在車廂或地面上的粉狀、顆粒狀氧化物,應撒上沙土後,再清理乾淨。

⑶壓縮氣體和液化氣體的搬運要求如下：

①使用專用的搬運器具,禁止肩扛或滾動；

②搬運器具、車輛、手套、防護服上不得沾有油污或其他危險物品,以防引起爆炸；

③鋼瓶應平臥堆放,垛高不得超過 4 個,禁止日光直射暴曬。

⑷自燃、易燃品的搬運要求如下：

①作業時開門通風,避免可燃氣體聚集；

②對於桶裝液體、電石物品,若發現容器膨脹時,應使用銅質或木質的扳手輕輕打開排氣孔放出膨脹氣體後方可作業；

③雨雪天氣如防雨設備不良時禁止搬運遇水燃燒的物品；

④對裝運易揮發液體的,開蓋前要慢慢鬆開螺栓,並停留幾分鐘後再開啟。裝卸完畢,應將閥門和螺栓擰緊。

⑸劇毒品的搬運要求如下：

①卸車前打開車門、窗戶通風；

②作業時應穿好防護用具,作業後及時沐浴；

③對使用過的防護用具、工具等，最好集中洗滌並消毒；

④患有慢性疾病的人員不能參加此項作業；

⑤人員的工作時間不宜過長，最好間隔休息，作業中如發現有頭暈、噁心等現象時要立即停止作業，並及時處理。

⑹腐蝕性物品的搬運要求如下：

①散落在車內或地面的腐蝕品應以沙土覆蓋或海綿吸收後，用清水沖洗乾淨；

②裝過酸、鹼的容器不得胡亂堆放；

③作業前應準備充足的清淨冷水，以便人身、車輛、工具等受到腐蝕時可以及時得到沖洗；

④裝卸石灰時應在石灰上放置墊板，不準在雨中作業，嚴禁將乾、濕石灰混裝一起。

⑺放射性物品的搬運要求如下：

①由有經驗技能的人員在作業前進行檢查和簽定，以確認是否可以搬運，並指定裝卸方法和搬運時間；

②作業前作好防護，精力集中；

③作業後應立即將防護用品交回專門的保管場所，人員沐浴並換衣；

④人員沐浴、防護用品的洗滌等都必須在專門地點實施。

4. 特殊物料的搬運器具選擇方法

下面的指引案例對選擇特殊物料的搬運器具有參考性。

對特殊物料的搬運器具要慎重選擇，如果選擇錯了，將直接威脅到搬運的有效性和搬運質量。

表 14-1　危險物品搬運器具選擇表

區分	搬運器具 配套品具	防爆堆高車				手推車				滑板	備註
		鷹嘴鉤	鷹嘴吊鉤	叉臂	託盤	大圓桶車	專用車	虎頭車	專用車	專用車	
包裝類別	木箱包裝	×	×	√	√	×	√	√	√	×	
	易碎品	×	×	×	×	×	√	√	√	×	
	紙箱包裝	×	×	○	○	×	√	√	√	×	
	條框包裝	×	×	○	○	×	√	√	√	×	
包裝類別	大桶包裝	√	√	○	×	√	×	×	○	×	
	小桶包裝	×	×	√	√	×	√	√	○	×	
	布袋裝	×	×	√	√	×	√	√	√	×	
	其他袋裝	×	×	√	√	×	√	√	√	×	

註：「√」首選，「○」次選，「×」不宜。

5.特殊物料的堆碼方法

⑴堆放物料時須嚴格遵守各種包裝標誌，例如：

①箭頭朝上的指示標記；

②堆放/碼垛的層數標記；

③防潮濕標記；

④易碎標記；

⑤不準鉤掛標記等。

具體的堆放物料的方法隨物品的種類、性質、包裝、使用的器具等不同而各不一樣，要區別對待。

⑵使用專用堆高車時的注意事項：

①內裝瓷瓶、陶器、玻璃器皿的包裝箱不能使用防爆堆高車碼垛；

②使用防爆堆高車碼垛時鋼瓶應平臥放置，安全帽朝向一方、底層墊牢；

③大鋼瓶碼垛高一層，小鋼瓶碼垛不超過 4 層；

④使用防爆堆高車將臥放大鐵桶豎起時應有專人指揮；

⑤使用防爆堆高車將臥放大鐵桶碼垛 2 層以上時應有專人認可；

⑥託盤上的物品應壓縫牢固，必要時用膠帶加固。

表 14-2　危險物品垛方法條件表

區分	搬運器具	鷹嘴鉤/鷹嘴吊鉤				叉臂/託盤				備註
	垛高/層數	1 層	2 層	3 層	4 層	1 盤	2 盤	3 盤	4 盤	
包裝類別	木箱包裝	×	×	√	√	√	○	×	×	
	易 碎 品	×	×	×	×	√	×	×	×	
	紙箱包裝	×	×	×	×	√	×	×	×	
	條框包裝	×	×	×	×	√	×	×	×	
	大桶包裝	√	√	○	×	○	○	×	×	
	小桶包裝	×	×	√	×	√	○	×	×	
	布 袋 裝	×	×	√	×	√	√	×	×	
	其他袋裝	×	×	×	×	√	√	×	×	

註：「√」首選，「○」次選，「×」不宜。

6. 超長、大、重物料的搬運方法

超長、大、重物料分別指的是長度超長、體積超大、重量超重的物料，如大型機械設備、橋樑、鋼結構件等。這類物料搬運的最大隱患是安全。因此，一定要事先做好安全防護工作。

超長、大、重物料的搬運方法按如下步驟進行：

(1)選擇安全性能有保證的搬運設施，如橋式、門式起重機等；

(2)搬運重量不能超負荷；

(3)選擇安全性高、耐磨、強度高的索具，如鋼絲繩等；

(4)安全係數應不能小於規定值；

(5)器械在使用前尚須認真檢查、確認；

(6)選擇有經驗、技術熟練的人員操作；

(7)指定專人指揮；

(8)按計劃的步驟作業；

(9)作業完成後再確認安全性。

7.貴重易損物料的搬運方法

貴重易損物料的類別包括：精細的玉器、瓷器、藝術品，精密機械、儀錶，易碎的玻璃器具等。

搬運貴重易損物料時應注意如下幾點：

(1)小心謹慎、輕拿輕放；

(2)嚴禁摔碰、撞擊、拖拉、翻滾、擠壓、拋扔和劇烈震動；

(3)嚴格按包裝標誌碼垛、裝卸；

(4)理解並遵守各種要求；

(5)盛裝器皿應符合物性，必要時要專用。

貴重的金屬如金、銀材料，水銀、有色重金屬等因其具有價值巨大的特性，因此，有必要實施專門的指定方式搬運。

案例 精確掌握公司的自動化立體倉庫

晉億公司佔地面積 30 萬平方米，廠房面積 17 萬平方米，毗鄰上海，總投資 13 億元，其中半數用於投資固定資產，主要包括製造設備、物流設施和信息管理系統，公司主要生產各類高品質緊固件，產品遠銷美國、日本、歐洲等市場。

一、靠整合大賺物流錢

晉億公司就有計劃地搜集世界各國螺絲市場交易現況，建立一個國家整體螺絲進出口與使用現況的信息庫，每年不斷地搜集包括各國最大代理商當年度買賣狀況，輸入電腦建立資料與分析。依據這套系統，晉億公司所有的庫存按照市場即時狀況予以調整，缺什麼螺絲就生產什麼螺絲。

晉億公司不僅精確掌握全美最大螺絲代理商 Fastenal 下給全球各大螺絲廠訂單的數量，還幫助 Fastenal 分析整體美國市場的最新狀況，教 Fastenal 如何抓住螺絲市場的商機。同時不僅幫助 Fastenal 解決訂單難題，還要替它節省成本。過去螺絲交貨是一個個貨櫃運往洛杉磯，Fastenal 收貨之後再自行依不同規格與數量分裝送往各大據點，而透過晉億的自動倉儲與兩萬種螺絲分類，Fastenal 只要告知各據點需求與數量，晉億的工廠就按照這些需求，直接送往美國各地，節省了 Fastenal 自行分裝的人力與物流的費用。螺絲生產毛利僅 10%，但晉億一次式服務卻能加收 5% 的服務費，在晉億公司看來，螺絲產業不再是製造業，完全變成另一套管理與服務模式。

影響螺絲成本的四項主要因素分別是原材料、模具、運輸和

管理，而運輸成本約佔總成本的 25%～30%，基於這一至關重要
的原因，晉億工廠的選址成為一項事關全局的戰略。在晉億公司
總投資 1 億美元中，半數以上用於投資固定資產，主要包括製造
設備、物流設施和信息管理系統，而晉億工廠的內部物流設施投
資，僅自動化立體倉庫一項，就超過了 7000 萬美元。經過 3 年時
間的系統規劃與建設，各組織構成了一個完整的企業內部製造與
倉儲物流系統。

二、規劃從工廠選址開始

晉億最終選定嘉善建廠顯然有其道理。嘉善位於滬杭鐵路、
302 國道和大運河三線交匯處，有高速公路直通，離火車站約 5
分鐘車程。晉億公司的原材料庫與大運河河岸直接相通，並自建
3 座自備碼頭接駁貨物。由於河運成本低，這條河已成為晉億目
前採購原材料的主要運輸通路，有八成以上的原材料透過水路運
抵工廠。有了良好的外部物流環境，晉億的重點是整合內部物流
體系。

內部物流體系首先解決的是螺絲製造過程中原材料、模具、
半成品、包裝及製成品的流轉，根據螺絲產品的製造特性和製造
程序，每個組織(工廠或倉庫)的分佈都是精心規劃的，而且每個
組織之間都有軌道聯通，使物品在相關工序之間(工序)方便而快
捷地運送。

然而，對於製造螺絲產品而言，一個最主要的特性是——投
入的原材料品種相對單一，因此供應物流的管理相對簡單，但經
過數道加工程序之後，會產出成千上萬種不同規格的半成品、成
品，貨物的流量類似一個「大喇叭」。因此，隨著不同物理狀態的
半成品或成品數量的迅速增加，整個工序的管理難度也不斷加大。

更為複雜的是，螺絲產品的製造並非連續生產，加之許多訂

單要求是非標準件，需要特殊的工序，因此，不同規格的螺絲一旦進入大規模生產，其間物流的流量與路徑就相當複雜。

首當其衝的是，數以萬計不同規格的半成品、成品以及大量的模具在動態與靜態之間轉換時，如何與倉庫之間進行及時、準確地存取？手工管理條件和傳統的倉庫管理方式顯然無力解決這些問題。尤其在整個製造系統高速運行的狀況下，倉管員只能無所適從，例如 φ 16 型螺栓存放在倉庫的什麼地方？怎麼從堆積如山的成品倉庫中找到 φ 21 型螺絲？如何知道倉庫賬物是否相符呢？如何完成生產工廠與倉庫之間的快速搬運呢？顯然，大規模、多品種的生產與物流管理之間的矛盾同步增長，出入庫與倉儲管理的難度越來越大。

三、自動化立體倉庫幫大忙

為解決出入庫與倉儲管理的困難，公司建立了自動化立體倉庫。自動化立體倉庫採用開放式立體儲存結構，半成品、模具和製成品 3 個自動倉庫分別設計了 10 萬個庫位單元。庫位單元的區分首先解決了倉庫空間的有序利用，僅就空間而言，晉億公司 3 個自動倉庫相比於傳統倉庫節省了 6 萬平方米。

晉億的實踐證實了一個命題——工業經濟時代的製造業，由於生產設備自動化程度已經非常高，產能的增長輕而易舉。換言之，處於生產線上的「動態產品」物流自動化並不困難，企業可以實現低成本的作業管理，而管理處於倉庫的「靜態物品」由於設備和工具落後顯得非常困難，因為在整個物流過程中傳統倉庫成為約束流量的瓶頸，尤其是產品動/靜態快速高頻轉換(出入庫)時無法同步，無形中企業付出了高昂的管理成本，甚至無法做到大規模生產。從物流路徑的角度分析，傳統倉庫已是滯後的工具，晉億應用先進的自動倉儲技術旨在突破這一瓶頸。

晉億的自動化立體倉庫採用開放式立體儲存結構，半成品、模具和製成品三個自動倉庫分別設計了 4968 個、14400 個和 41488 個庫位單元，5 萬多個庫位單元的區分首先解決了倉庫空間的有序利用。以製成品倉庫為例，其存放高度達 18 米，可存放 15 層，存放空間相當於傳統倉庫的 5 倍。僅就空間而言，晉億 3 個自動倉庫相對於傳統倉庫節省了 18000 多平方米，這意味著晉億因此節省了相當於 4 個足球場的面積。

同時，自動倉庫採用電腦自動控制輸送設備和高架吊車，使貨物的搬運、存取完全自動化，自動倉庫的分佈與製造系統緊密結合在一起。實際上，晉億的自動倉庫與製造系統構成了一個一體化的物流體系，其中半成品與模具自動倉庫是配合製造工序必不可少的一部份，而成品自動倉庫成為實現企業內/外產品轉移的物流中心。

立體化、機械化與信息化是自動倉庫的三大特性，也是晉億實現地盡其利、貨暢其流的主要技術基礎。尤為重要的是，IT 技術的應用是晉億整個管理體系實現整合的基礎平台。

四、信息管理系統顯威力

自動化倉儲技術解決了晉億內部物流的一個核心環節問題。公司借助 MIS 電腦信息管理系統和 Internet，實現了產、供、銷的科學控管，而 MIS 生產管理系統則有效地解決了其前端的制造物流過程這一問題，並且與自動倉庫系統整合為一套完整的信息管理系統。

更為重要的是，自動倉庫從根本上解決了傳統倉庫和手工狀況下無法實現的庫存管理瓶頸。首先是賬物明晰，運用條碼技術，每一個庫位的貨物都有一個唯一的「身份證號碼」，在信息系統的管理下，對於貨物的出入、存放、盤點管理，都有一本「清晰的

賬」傳統方式下無法實現的「先進先出」管理難題迎刃而解。

晉億將 MIS 系統與自動倉庫系統整合為一套完整的信息管理系統。晉億的信息管理系統包括業務、生產、技術、成本、採購、材料及製成品等 9 個相互關聯的子系統，晉億借此實現按訂單生產、採購和交貨。晉億的目標顯然不止於製造業，更重要的戰略升級是——運用其成熟的物流管理技術做中國第一家五金行業的專業第三方物流公司。

作為傳統的生產型企業晉億公司尋找到了新的利潤增長點——物流。從工廠的選址到自動化立體倉庫的建設都可以看出晉億公司充分考慮物流對本企業的重要性。同時也認識庫存成本佔物流總成本非常大的比重，因此改變傳統的倉儲管理方式方法，將 MIS 系統與自動倉庫系統整合為一套完整的信息管理系統，提高了倉儲管理的效率降低了庫存成本。

心得欄

第 *15* 章

商品的出貨管理

一、出貨計劃

1. 什麼是出貨計劃

出貨計劃也叫發運計劃，它是依據訂單、顧客要求、銷售計劃等文件以及生產進行的實際狀況綜合制定而成的文件，目的是給物料管理部、生產部等部門提供一個發運產品的目標，並作為他們實施具體工作的依據。

出貨計劃是由生產管理辦公室制定的，制定後發行到物料管理部、市場部等相關部門使用。出貨計劃要及時更新。

2. 出貨計劃的內容

出貨計劃的內容要可以反映每次出貨的具體要求，例如，下面的一些項目要說明清楚：

(1)出貨產品類別、名稱、規格、型號；

(2)出貨產品的批號、批量和數量；

(3)出貨日期；　　(4)出貨地點；

(5)運輸方式；　　(6)產品目的地。

3.出貨計劃的有效性

事實上，出貨計劃並不是絕對的。也就是說，出貨計劃上指明的出貨日期、數量等會在實際出貨時有所改變，這是因為有下列不可控因素存在的緣故：

(1)顧客實際接收的允許狀態；

(2)運輸航班的局限性；

(3)運輸能力的限制性；

(4)天氣、環境的許可性；

(5)政府機構的法令和政策的適宜性。

表 15-1　出貨計劃表

發行日期：

序　　號					合計：	特別事項記錄：
產品名稱						
型　　號						
批　　號						
批　　量						
出貨數量						
單　　位						
出貨日期						制定：
出 貨 地						
目 的 地						批准：
備　　註						

現實中當有上述情況之一時，都會影響出貨的實際執行。所以，出貨計劃只是一個目標，是相關部門實施準備的依據，並不是不能改變的。

二、出貨指令文件

1. 管理好各類出貨文件

出貨文件管理是出貨過程管理的前提，是實現有效出貨的保證。就像聽指示一樣，只有把指示的內容聽對了，才能夠做正確的事情。

出貨文件的管理責任者包括：物料管理部負責執行文件與實施記錄的管理；市場部負責出貨指令性文件的管理；生產管理辦公室負責出貨計劃性文件的管理。

2. 什麼是出貨指令文件

出貨指令文件是市場部根據出貨計劃、實際出貨的許可性和顧客要求等因素，綜合後向物料管理部發出的實施出貨的指示。出貨指令文件是必須要付諸實施的原則性文件，沒有任何理由可以拖延或拒絕。

出貨指令文件的形式可以是書面和口頭等幾種，無論何種形式，其效力都是同等的。具體包括如下：

(1)發行的通報性文件；

(2)傳真；

(3)電郵(E-mail)；

(4)有時候發運單也算；

(5)電話(須有記錄並得到確認)。

圖 15-1　出貨文件的作用示意圖

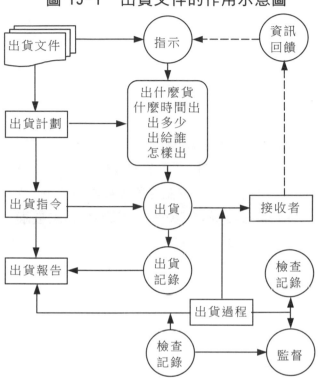

3. 怎樣執行出貨指令文件

圖 15-2　按出貨指令的要求實施出貨

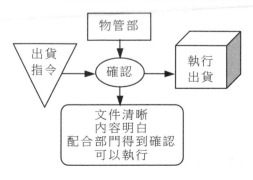

物料管理部收到出貨指令文件後應立即進行確認,如有任何疑問,必須馬上反映並澄清。然後按文件的要求著手組織人馬,準備出貨。

三、出貨記錄

出貨記錄是出貨擔當完成出貨任務的證據。根據出貨指令文件你已經出了貨,但是你把貨出給誰了?依據在那裏?具體的情況到底怎麼樣?那麼,這些問題正是該記錄所要解決的。

1.記錄之前首先要確認運單,確認內容主要有:

(1)確認運輸公司的名稱、運號、車號;

(2)確認出貨的產品、型號、訂單號、批號、數量;

(3)確認轉運地和目的地;

(4)仔細辨別運單的真偽。

2.其次要確認裝箱的數量和包裝狀態,主要有:

(1)產品的流水號;

(2)碼垛放置的行數和層數;

(3)貨與貨櫃壁之間的間隙;

(4)貨物受擠壓的程度;

(5)是否裝滿或裝載的程度。

3.還要確認裝箱後鎖閉狀態,主要有:

(1)門閂是否已經栓好;

(2)鉛封的封閉狀態良好。

4.其他需要確認的內容還有:

(1)裝車的起止時間;

(2)必要時,運輸的保險事務;

(3)必要時，通關資料的準備情況；

(4)必要時，相關的經手人、見證人、監督人員姓名；

(5) DOCK CHECK 記錄等。

5.最後，必須要讓拉貨的司機或運方負責人在該記錄上簽字、承認。

為了方便使不同的出貨人員能一致的工作，出貨記錄的詳細格式應制成表單共同使用，它的格式參見下表：

表 15-2　出貨記錄表

DATE：

車牌號：				轉運國家/地區：	
貨櫃號/材積：				轉運城市/港口：	
運輸公司：				目的國家/地區：	
運單號：		司機姓名：		目的地城市名：	
序號	品名	型號	數量	單位	訂單號
No	NAME	MODEL	QTY	UNIT	PO No
包裝狀態	箱數	貨盤數	流水號	備註	
PACKING	C/T QTY	PALLETS	SERI No	REMARK	

進入時間：		開始時間：		完成時間：	
特別事項說明：					
經手人：		批准人：		司機：	

四、出貨報告書

1. 什麼是出貨報告

出貨報告是物料管理部完成出貨後，所制定的證實性記錄文件。它是倉庫成品數量減少的依據，也是財務結賬的憑證。

出貨報告是由物料管理部制定的，製成後發行到財務部、市場部、生產管理辦公室等相關部門使用。出貨報告要及時發行，最好是出貨的當天內就完成。

圖 15-3　出貨報告的作用

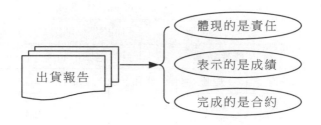

2. 出貨報告的內容

出貨報告的內容要可以清楚地反映本次出貨的詳細情況，例如，下面的一些項目具體包括：

(1)出貨產品類別、名稱、規格、型號；

(2)出貨產品的批號、批量和數量；

(3)完成出貨日期；

(4)出貨地點；

(5)承接運輸的單位和運輸方式；

(6)產品出貨的目的地。

出貨報告是文件，可以用表單的形式表現，數量至少是一式四

份。

3. 出貨報告的通報方法

出貨報告由倉庫的主任制定，完成後須取得物料管理部課長的批准，批准後由物料中保存原本，複件通報到下列部門：

(1)賬務部，用於記賬依據；

(2)市場部，用於安排銷售；

(3)生產管理辦公室，用於安排和調整生產計劃；

(4)其他有需要的部門。

圖 15-4　出貨報告的用途

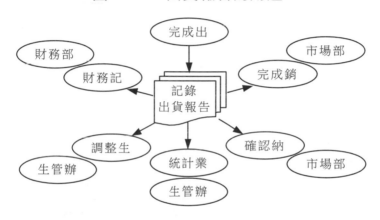

4. 出貨報告的保存

出貨報告應作為重要記錄進行保存，以便實現下列目的：

· 追溯性；

· 明確責任；

· 統計使用。

出貨報告的保存期限一般應是使用的當年再加一個日曆年。這個期限是最小的時間，使用中可以更長，但最終會報廢。

例如：2005 年 1 月份的出貨報告至少要保存到 2006 年 12 月

31 日。2005 年是使用的當年，2006 年 1～12 月是一個日曆年。

5.出貨報告的格式

出貨報告一般是在公司內部使用的，要使用公司規定的格式，但有些個別的 OEM 顧客會要求使用他們的格式，從滿足顧客要求的角度出發，也可以這樣做。常用的式樣可以參照如下：

表 15-3　出貨報告

DATE：　　　　　　　　　　　　　　　　　　編號：

序號	品名	型號	批號	訂單號	出貨數量
No	NAME	MODEL	LOT No	PO No	QTY

箱數	箱號	目的地	集裝箱號	承運公司	備註
C/T	C/T No	Destination	Container	Transport Co	REMARK

特別事項說明：	出貨地點：	完成時間：
生管確認：	OQC 確認：	備考：

擔當：	檢討：	批准：	

分發：□市場部　　□財務部　　□生產管理辦　　□其他部門

簽收：

五、管理好每個出貨過程

1. 出貨過程的形式

出貨的過程指貨物從離開倉庫時起，到交付運輸前（直接送貨的以交付到顧客前）為止的一段過程，隨著出貨物品和運輸方式的不同，這個過程也會有比較大的差異。具體包括如下：

(1)出貨樣品的方式是即定的，隨機性很大，因此這個過程一般比較輕便、快捷，出貨形式主要有：

①郵寄、特快專遞；

②派專人送貨上門；

③與其他物品隨同發送。

(2)出貨正品的方式是經過事先策劃和商定好了的，因此，這個過程須按規定完成，出貨形式主要有：

①公司負責送貨上門；

②交付物流公司運輸；

③緊急物品航空運輸；

④按顧客指定的方式出貨。

(3)出貨返修品的方式與出貨正品差不多，這個過程也須要按規定完成，但是，返修品要更強調追溯性。這些措施主要有：

①返修的過程是否需要從外觀上體現出來，應按商定的協議進行；

②百分之百確保內部的完全追溯性；

③按顧客指定的方式出貨。

2. 識別具體的過程

我們可以按出貨的流程，識別它的每一個過程。如下圖：

圖 15-5　識別具體的出貨流程

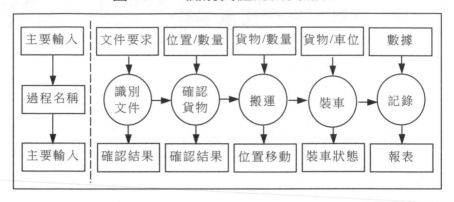

3. 控制好每個過程

控制過程的三個要點是：充分掌握輸入內容，嚴格把關操作活動，詳細確認輸出結果。尤其當有兩個及其以上的貨櫃出貨時，應分班人馬進行，並制定出具體的防錯措施，以嚴防出錯貨。

六、出貨方法

1. 出貨的方法

出貨就是把貨物從倉庫移走，這個過程中要求要做到準確無誤、負責到底。一般的出貨步驟和方法是：

(1)確定出貨的具體時間、地點、品種、數量等；

(2)確認要出貨物的地點、位置、車輛狀態；

(3)規劃搬運線路；

(4)籌集裝卸工具；

(5)分配出貨職責，如搬運、裝車、點數等；

(6)貨車到後先與司機聯絡、登記，然後清掃貨櫃或消毒；

(7)按計劃開始搬運（要執行先進先出原則）；

(8)按規定裝車，並實施裝車前確認（DOCK CHECK）；

(9)裝車完畢後與司機確認並登記；

(10)發車。

2.實施先進先出的方法

整齊的按次序放物

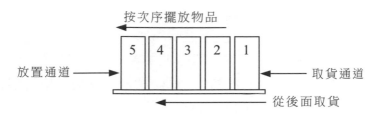

1、2、3 箱被取走，又擺放了 6、7 箱

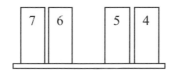

4、5、6 箱被取走，還有 7、8、9、10 箱

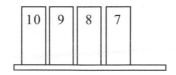

3.依據產品的流水號

流水號碼具有可識別的順序，一般是由小到大代表了產品生產日期的前與後。

依據一：產品的生產日期

日期一般不是直接表示的，常用的表示方式有如下幾種：

(1)週數表示法：取 4 位數字，按如下方法表示：

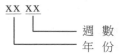

例如：0825 就表示是 2008 年的第 25 週生產的產品。

(2)天數表示法：取 5 位數字，按如下方法表示：

例如：08163 就表示是 2008 年的第 163 天生產的產品。天數表示法又叫 Julian Date,美國人喜歡用。

(3)混合表示法：取字母和數字混合排列，按如下方法表示：

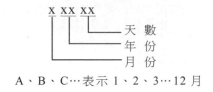

A、B、C…表示 1、2、3…12 月

依據二：外包裝上的顏色識別貼紙

這些貼紙是倉管員在接收產品時，依據產品的生產日期貼上的識別標誌。

七、成品出貨的管理原則

1. 接收成品的原則

接收到成品倉的產品必須是經過 QA 檢驗合格並貼有 QC PASSED 標記的合格產品。接收時要遵守如下的事項：

(1)確認入庫單填寫完整、內容正確；

(2)確認入庫的實物與入庫單的內容相一致；

(3)確認入庫的產品包裝狀態完好；

(4)按規定的方式把已確認的產品擺放好，並入賬。

2.發出成品的原則

(1)從成品倉發出到顧客的產品必須是經過 OQC 檢驗合的庫存良品，發出時要遵守如下的事項：

①確認出庫單填寫完整、內容正確；

②確認出庫的實物與出庫單的內容相一致；

③確認出庫的產品包裝狀態完好；

④確認出庫的運送方式符合要求；

⑤按出庫的賬目入賬；

⑥門衛須確認出庫批准事項並記錄。

圖 15-6　成品倉的出入庫管理圖

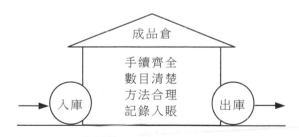

(2)出貨裝車時需要確認如下事項：

①確認出貨的文書，如通報、出貨指示書等；

②確認出貨數量、產品流水號碼、箱號等；

③確認產品包裝狀態、貼紙、其他標記；

④確認出貨地點；

⑤確認托運公司的車、船時刻及裝運工作；

⑥確認回條。

(3)從成品倉發出到其他地方的產品必須有批准的出庫單和放行票,並在倉管人員的監護下出庫。

八、被取消出貨的商品管理

1. 臨時取消的出貨產品按已出貨的原有狀態放在成品機動區管理,待有機會時直接出貨。所謂臨時的期限原則上不能超過一星期。

2. 被取消出貨合約的已出庫產品須按入庫手續重新入庫,並實施入庫管理。

3. 產品被取消出貨時,應積極查找原因,建立對策。如責任屬於本公司時,還要採取如下措施:

(1)查找責任的承擔者和負責者;

(2)檢討並分析根本原因、採取必要措施;

(3)檢討相關制度的有效性;

(4)嚴防類似事件再發。

九、被客戶退貨產品的管理

退貨產品指經過正常管道出貨後,由於某些原因又被退回到公司的產品,它不同於被召回的產品。退貨產品的主要類別包括:

(1)顧客檢驗退貨品:被顧客整批退回的未經使用的產品;

(2)顧客使用退貨品:已經過使用的非批量性產品。

1. 顧客檢驗退貨品的管理方法

這類退貨產品一般是因顧客或其他機構在檢驗中發現了某些問題而導致的,對它們的處理按如下方式進行:

(1)接收退貨報告單，明確退貨事宜；

(2)按單接納退貨品，清點數量、確認物品狀態；

(3)按相關規定將退貨品安置在不合格品區，並做好標識；

(4)通知品質部實施檢驗；

(5)通報工程技術部份析檢驗結果，並制定處理措施；

(6)措施一般是針對專項不良事項進行返工處理；

(7)生管排返工計劃，生產部按計劃實施返工；

(8)返工後品管再檢驗；

(9)合格後入庫管理，等待再次出貨。

圖 15-7　顧客檢驗退貨品的管理流程圖

2.顧客使用退貨品的管理方法

這類退貨產品一般是因顧客在使用中發現了某些產品本身的功能或性能問題，致使顧客產生不滿意而造成的，對它們的處理按如下方式進行：

(1)接收退貨單，明確並區分退貨來源地和其他事宜；

(2)按單接納退貨品，清點數量、確認物品狀態；

(3)按相關規定將退貨品安置在不合格品區，並做好標識；

(4)通知品質部實施檢驗，記錄檢驗結果；

(5)通報工程技術部份析檢驗結果；

(6)依據分析結果制定糾正和預防措施，以改善生產；

(7)將退貨品實施拆機處理；

(8)生管安排拆機計劃，生產部按計劃拆機；

(9)拆出的零件視完好情況分類後交物料管理部處理；

⑽良品交 IQC 檢驗，不良品及 IQC 檢驗的不合格品報廢處理；

⑾檢驗合格的良品實施入庫管理。

案例 長虹公司的倉儲信息化管理

長虹電器股份有限公司是一家綜合型跨國企業，該公司引入無線網路通訊技術進行倉儲信息化管理，取得了明顯成效。

一、物流是流動的倉庫

長虹管理層認為，目前家電企業的競爭力不單純體現在產品品質能否滿足市場要求，更重要的是如何在市場需求的時候，以最快速的速度生產和遞交顧客滿意的產品及服務。這就要求企業不僅要保證高節奏的生產，而且要實現最低庫存下的倉儲。

長虹提出了「物流是流動的倉庫」的思路，用時間消滅空間，摒棄了存貨越多越好的落後觀念，全面提升速度觀念。

長虹在綿陽擁有 40 多個原材料庫房，50 多個成品庫房，200多個銷售庫房。過去的倉庫管理主要由手工完成，各種原材料信息透過手工錄入。雖然應用了 ERP 系統，但有關原材料的各種信息記錄在紙面上，而存放地點完全依靠工人記憶。在貨品入庫之後，所有的數據都由手工錄入到電腦中。對於製造企業來說，倉庫的每種原材料都有庫存底線，庫存不能過多影響成本，而庫存不夠時，需要及時訂貨，但是紙筆方式具有一定的滯後性，真正的庫存與系統中的庫存永遠存在差距，無法達到即時。由於庫存信息的滯後性，讓總部無法作出及時和準確的決策。而且手工錄入方式效率低，差錯率高，在出庫頻率提高的情況下，問題更為嚴重。

　　為了解決上述問題，長虹決定應用條碼技術及無線解決方案。經過慎重選型，該解決方案採用訊寶科技的條碼技術，並以 Symbol MC3000 作為移動處理終端，配合無線網路部署，進行倉庫數據的採集和管理。目前長虹主要利用 Symbol MC3000 對其電視機生產需要的原材料倉庫以及 2000 多平方米的堆場進行管理，對入庫、出庫以及盤點環節的數據進行移動管理。

　　⑴在入庫操作方面。一個完整的入庫操作包括收貨、驗收、上架等操作。長虹在全國有近 200 家供應商，根據供應商提供的條碼對入庫的原材料進行識別和分類。透過條碼進行標識，確保系統可以記錄每個單體的信息，進行單體跟蹤。長虹的倉庫收貨員接到供應商的送貨單之後，利用 Symbol MC3000 掃描即將入庫的各種原材料條碼，並掃描送貨單上的條碼號，透過無線區域網路傳送到倉庫數據中心，在系統中檢索出訂單，即時查詢該入庫產品的訂單狀態，確認是否可以收貨，提交給長虹的 ERP 系統。

　　收貨後長虹的 ERP 系統會自動記錄產品的驗收狀態，同時將訂單信息發送到收貨員的 Symbol MC3000 手持終端，並指導操作人員將該產品放置到系統指定的庫位上。操作員將貨物放在指定庫位後掃描庫位條碼，系統自動記錄該物品存放庫位並修改系統庫存，記錄該配件的入庫時間。透過這些步驟，長虹的倉庫管理人員可以在系統中追蹤到每一個產品的庫存狀態，實現即時監控。

　　⑵在出庫操作方面。一個完整的出庫操作包括下架、封裝、發貨等操作。透過使用無線網路，長虹的倉庫管理人員可以在下架時即時查詢待出庫產品的庫存狀態，實現先進先出操作，為操作人員指定需發貨的產品庫位，並透過系統下發動作指令，實現路徑優化。封裝時系統自動記錄包裝內的貨物清單並自動列印裝箱單。發貨時，系統自動記錄發貨的產品數量，並自動修改系統

庫存。

　　透過這些步驟，長虹可以在系統中追蹤到每個訂單產品的發貨情況，實現及時發貨，提高服務效率和客戶回應時間。倉庫操作人員收到倉庫數據中心的發貨提示，會查閱無線終端上的任務列表，並掃描發貨單號和客戶編碼，掃描無誤後確認發送，中心收到後關閉發貨任務。

　　(3)在盤點操作方面。長虹會定期對庫存商品進行盤點。在未使用條碼和無線技術之前，長虹的倉庫操作人員清點完物品後，將盤點數量記錄下來，並將所有數據單提交給數據錄入員輸入電腦。由於數量清點和電腦錄入工作都需要耗費大量的時間且又不能同時進行，因此往往先是電腦錄入員無事可做，然後忙到焦頭爛額；而倉庫人員在盤點時手忙腳亂，而後圍在電腦錄入員身邊又要等待盤點結果。這樣的狀態，幾乎每個月都要發生一次。部署了訊寶科技的企業移動解決方案後，徹底杜絕了這種現象。倉庫操作人員手持 Symbol MC3000 移動終端，直接在庫位上掃描物品條碼和庫位，系統自動與數據庫中記錄進行比較，透過移動終端的顯示器幕將盤點結果返回給倉庫人員。透過無線解決方案可以準確反映貨物庫存，實現精確管理。

二、倉儲信息化管理效果顯著

　　條碼結合無線技術的企業移動解決方案令長虹的庫存管理取得非常明顯的效果，不僅為長虹降低了庫存成本，大大提高了供應鏈效率，更為重要的是準確、及時的庫存信息，讓長虹的管理層可以對市場變化及時作出調整，大大提高了長虹物流的整體水準和長虹在家電市場的競爭力。

　　一是庫存的準確性大幅提高。無線手持移動終端或移動電腦與倉庫數據中心實現了數據的即時雙向傳送後，保證了長虹原材

料倉庫和堆場中的貨物從入庫開始到產品出庫結束的整個過程各環節信息都處在數據中心的準確調度、使用、處理和監控之下，使得長虹庫存信息的準確性達到 100%，便於決策層作出準確的判斷，大大提高長虹的市場競爭力。

　　二是增加了有效庫容，降低了企業成本。由於實現了即時數據交換，長虹倉庫貨物的流動速度提高，使得庫位、貨位的有效利用率隨之提高。增加了長虹原材料倉庫的有效庫容，降低了產品的成本，提高了長虹的利潤率。

　　三是實現了無紙化操作，減少了人工誤差。由於整個倉庫都透過無線技術傳遞數據，從訂單、入庫單、調撥單、裝箱清單、送貨單等都實現了與倉庫數據中心的雙向交互、查詢，大大減少了紙面單據，而採用 Symbol MC3000 手持移動終端進行條碼掃描識別，讓長虹在提高數據記錄速度的同時減少了人員操作錯誤。

　　四是提高了快速反應能力。現在長虹可以在第一時間掌握倉庫的庫存情況，這讓長虹可以對複雜多變的家電市場迅速作出反應和調整，讓長虹獲得了很強的市場競爭力。

　　長虹家電提出了「物流是流動的倉庫」的思路，用時間消滅空間，摒棄了存貨越多越好的落後觀念，全面提升速度觀念。倉儲信息化管理也大大地提高了長虹物流的整體水準和長虹在家電市場的競爭力。

第 *16* 章

呆廢料管理

一、處置呆廢料目的

①物盡其用——呆廢(殘)料閒置於倉庫內而不能加於利用，久而久之物料將銹損腐壞，其價值將更低，因此應物盡其用，適時予以處理。

②減少資金之積壓——呆廢(殘)料閒置於倉庫內而不能加以利用，使一部份資金積壓在庫房裏。若能適時加以整理，即可減少資金積壓數量。

③節省人力及費用——呆廢(殘)料在產生之後而尚未處理之前，仍須有關的人員加以管理而發生各種管理費用，若能將其適時處理，則可免掉上述之人力及管理費用。

④節省儲存空間——呆廢(殘)料日積月累。勢必佔用龐大的儲存空間。而影響正常之倉儲作業。為節省儲存空間，對呆廢料適時予以處理。

二、呆廢料的種類

1. 呆料

呆料即物料存量過多，耗用量極少，而庫存週轉率極低的物料。這種物料可能偶爾耗用少許，但不知何時才能動用甚至根本不再有動用的可能。呆料為百分之百可用的物料，一點都未喪失物料原來應具備的特性和功能；只是呆置在倉庫中，很少去動用而已。

2. 廢料

廢料是指報廢的物料，即經過使用，本身已殘破不堪、磨損過甚或已超過其壽命年限，以致失去原有的功能而本身無利用價值的物料。

3. 舊料

舊料的產生是由於物料經使用或儲存過久，已失去原有性能或色澤，以致本身的價值減低者。

4. 殘料

殘料是指在加工過程當中所產生的物料零頭，雖已喪失其主要功能，但仍可設法利用。

三、呆廢料產生的原因

1. 定義

所謂呆料，是指庫存週轉率極低。使用機會極小之物料。呆料並未喪失物料原有應具備之特性功能，只是呆置在倉庫中很少去動用而已。

所謂廢料，是指經過相當之使用，本身已殘破不堪，失去原有

之功能而本身無利用價值之物料。

所謂殘料,是指在加工過程當中,所產生之物料零頭。

2.發生原因

呆廢(殘)料發生之原因有以下七點:

⑴變質,如布匹、紙張之褪色,金屬之生銹,橡皮硬化,木材受蟲蛀等等。

⑵驗收之疏忽。

⑶變更設計或營業種目之改變。

⑷不敷用。原有之設備,因業務擴大而不敷當時之需要。

⑸更新設備。因機器設備壽命已盡或技術進步為求高效率之生產不得不將原設備報廢。

⑹剪截之零頭邊屑,經濟價值甚低,常被視為廢料。

⑺拆解之包裝材料,經濟價值甚低,經常集中一處,以廢料處理之。

3.呆廢料的處置

①自行加工:設一廠房專門處理有價值之廢料。

②調撥:某部門之呆廢料,可能為另一部門極需之物料,因此在此種情況下可調撥利用之。

③拼修:將數件報廢之機件拆開,將其完好之零件重新組合為所需要的機件。

④拆零利用:將報廢之機件拆散。將其完好之零件保存下來,以供保養同類零件之用。

⑤讓予:將其報廢之設備,讓予教育機構。

⑥出售或交換。

⑦銷燬:凡無價值者,應行銷燬或掩埋,以免佔據庫存空間。

4. 呆料預防

呆料若已形成，即使以各種方法加以處理，亦是費神費力，不能免於損失，吃力不討好。故預防重於處理，自不待言。預防之道，乃是「解鈴還需系鈴人」，亦即針對呆料可能發生之原因，澈底消滅之。常有人誤以為呆料只是物料部門之責。其實呆料預防，公司大部份部門均有其責任，必須全體同仁共同協力為之，方可奏效。

(1)銷售部門

①市場預測及銷售計劃：市場預測欠佳，致使銷售計劃不確實；銷售計劃不時變更，亦將造成生產計劃變動不居。如此，在原有產品方面，將使所備之料或所進之貨形成呆貨；在新產品方面，因趕運不及，將可能形成停工待料或缺貨。因此，市場預測及銷售計劃應力求穩妥可靠確實，切忌變更頻繁。若有某種產品，如客戶因種種原因街無法確定訂單，但其原料採購週期(leadlime)需時甚久，致須預先採購材料儲存者，應與客戶協商，取得其授權，使其對我所預購之原料負全責。此項做法，只要能設法使客戶明白情況，客戶為求供應及時，通常均可照辦。

②客戶訂貨：客戶訂貨不確實(例如僅以口頭承諾)，取消或更改訂單，除將使未運成品及在製品形成呆料外，若產品牽涉特殊規格原料，此項原料亦將成為呆料之一。是故客戶訂貨，應要求書面訂單。如因時限需要，在正式訂單未收到前，對國外客戶亦應要求先以電報確認。在訂單中，應設法列入賠償取消訂單費用(cancellationcharges)條款，以便於取消訂單時索賠，如客戶變更產品型號及規格，應設法勸服其採用逐漸變更(runningchange)用完舊料之法，以免雙方損失。

③接受訂單：接受訂單時若未能清楚瞭解顧客對產品要求、產品規格、產品條件及其它訂貨條件，則在產品本身及交貨運輸方面，

均極易遭致退貨或收款困難，造成呆料。銷售人員於接受訂貨時，對此項內容均須清楚而有把握，並將之正確完整的傳送至工程、料管及生管部門。對於產品規格，應要求客戶發給書面數據如藍圖及檢驗標準等。如規格變更，亦必要求客戶以書面為之。口頭通知，易滋料紛，我亦無交涉根據。銷售人員若於接單前無把握，須請求工程人員會同與客戶研討。

(2)工程部門

①產品設計：產品設計錯誤，或設計變更，或設計不受歡迎，均能使原先所準備之原料及產生成品成為呆料。因此，對於工程設計人員，須慎重僱用，加強訓練；對於新產品，須先試製或試銷。若貿然投入大量生產，將極易造成呆料的發生。

②原料標準化：協力廠商製造之原料及包裝材料等，因可依我之特殊規格而生產，但價必高，且因其通用性低，於訂單情況改變時，常因其他產品無法使用形成呆料。若於設計時，使用其標準規格材料，不但購價較低，且使用亦較具彈性。

③原料報廢率：工程部門對於每項產品所使用之每項原料，均須分別訂立標準報廢率，以使採購單位據以購料，生產單位據以領料。標準報廢率過高，原料將有剩餘，可能形成呆料，但若過低則於訂單交貨接近完成時形成停工待料，為德不卒。因此，工程部門對於原料標準報廢率應定期加以全面檢討，以符實際。生產部門若發現實際報廢與所定標準相差過巨，無論其為超過或不足，均應自動回饋工程及物料部門，立即加以檢討修正。

(3)物料部門

①物料管理：材料計劃不當，存量控制不夠嚴密，均易造成呆料。材料準備充足，固可減免停工待料的損失，但除庫存增加資金積壓之外，亦增加呆料之危機。如何計劃物料排程

（materialschedule），如何訂立安全存量，實應深加檢討研究。一般言之，對於普通規格用途廣泛材料，除根據訂單要求外，尚需根據平均用量及採購週期等數據預購若干，作為安全存量；對於特殊規格材料，若欲超出訂單要求而預購，必須協商銷售人員或取得客戶授權，並經高級人員核准方可。

②採購管理：採購不當，如交期延遲、品質不良、材料規格不清、超量採購、或對協力廠商輔導不足時，均可能造成呆料。例如防止廠商交貨遲延，為急於趕上生產，乃被迫以特認（neviation）勉強接收有缺點原料，緊急期間過後，正常合格材料已到，特認原料常因生產不便而被束諸高閣。又如原料規格不清，所以之料雖有缺點，但其責在我，只得忍痛接收。因此，材料採購，必須訂立適當程序及制度，對於採購不當或表現不佳之協力廠商，亦須有適當之處理或輔導。

③進料驗收：進料檢驗疏忽、檢驗不夠澈底、檢驗儀器不夠精良，均易使品質不佳原料蒙混過關，除造成生產時效率降低外。出貨後可能被客戶退貨而形成呆料。又若最後決定該項原料不能再行使用而予退庫，但又無法退還協力廠商時，呆滯原料自亦增加。如何建立進料檢驗制度，購置儀器加強檢驗，並須注意。

④倉儲管理：料賬管理不佳，賬料不一，因數據不確，極易造成缺料或呆料。倉庫設備不良，物料遭致水浸、風乾、熱烘及蟲咬等而致變質，或價值降低，或不便使用而成呆料。因此，設立原料賬卡表報制度，訂立存貨抽查及盤點制度，注意倉儲設施，發料及交貨時採用先進先出法，均可降低呆料損失。

⑷生產部門

①生產計劃：生產計劃應加強產銷協調。若生產計劃錯誤，將造成備料錯誤。在新舊產品更替時，生產計劃應十分週密以防止舊

型號產品之在製品及原料造成呆料。

②生產管理：由於生產管理疏忽，常易造成超量生產，形成呆滯成品及在製品。此於訂單生產工廠，因產品型號變更頻繁，更易發生。此除生產線人員對各站均應加強安排及注意外，生產管制人員亦應隨時注意追蹤查考。一般控制嚴密的公司，對於生產部執行生產計劃情況，均按週編列生產排程(Production schedule)及實際產量此較表，顯示何者延遲何者超產，分送生產線及有關單位檢討改進。此於呆料之控制，極有幫助。

③領料管理：領料管理不當，原料數量極難掌握，極易造成缺料或呆料。生產線領料，應按照工程部所訂之用料清表(Bill of Material)所定種類及數量領料。如用料超量，應填具原料超領單經核准後領料。訂單所訂數量完成時，如尚有餘料，應退庫儲存，以便物料部統籌管理。

四、餘料再生管理

舉凡餘料經檢選分類、過篩、過濾、剖料、乾燥、刈取、粗細粉碎或其他加工製程，即成為可回收使用的材料，稱為再生料。

餘料如何再生使用是企業經營成敗的關鍵，但很多企業沒動腦筋去思考，以為凡是餘料可以賣錢是額外收入，就很滿意了，但講究管理的大企業，非但專人處理管理餘料再生使用，並向外收購餘廢料來處理使用，因此成本低；品質方面由於有研究有管理，故不會因使用再生料而品質不良，所以競爭力強，獲利率高。

基於管理上的需要，對於餘料再生運用應該深加研究，並訂定管理辦法，茲將管理辦法所應考慮的項目簡述如下：

1. 目的

餘料再生管理的目的，在於如何控制餘料的發生量；發生後的餘料如何收繳、分類及再加工處理；處理後的再生料如何儲存與運用。

2. 餘料範圍

到底那些是餘料，應予明確訂定，如製造中裁剪的耳料、剔除品、零頭、出廠退回的不良品經剔為再加工料及向他廠收購的餘料等，至於餘料的發生更應按部門別及項目予於詳列。

3. 餘料發生與處理

(1)製造部門發生餘料的處置

對於製造部門各階段所發生的餘料，應予詳訂如何按產製的產品類別、色別或其他要點予以分類，並依照製造機號班別、製造號碼、產品類別、色號及重量等，填俱繳交單。

(2)餘料收繳

關於製造部門在餘料發生時，如何使用「餘料繳交單」繳交，列帳管理，至於如何分區存放，則應按發生量與處理計劃配合，按類別劃分存放區域。

被退回之不良成品及滯銷不易出售的成品，利用「成品領用單」領出，再使用「餘料繳交單」繳餘料再生處理部門處理，惟此再生料通常比一般餘料品質要好，因此應特別註明，以利加工處理。

(3)餘料處理方式

關於餘料如何使用「餘料領料單」領取與出帳管理，領料後如何加工處理，必須經機械處理如粉碎機粉碎者，仍應依照「生產進度表」排定進度並訂定餘料再生處理設備操作及管理辦法，經處理後繳庫使用。

⑷餘料發生的管制

①訂定餘料管制基準

餘料的發生應訂定管制基準，以利控制，如每一手料以發生多少公斤為準、耳料多少、什碎料多少或每班出產量的百分之幾等，如餘料發生超過管制基準量百分之幾，應以「製造異常反應單」提報，以便檢討對策追蹤改善，並可與生產獎金連起來。

②餘料繳庫與品質

對於繳庫的餘料如無品質要求，則生產部門必極為隨便，導致不應有的雜物亦滲在餘料內，如塑膠餘料夾雜貨物稅照單、生力麵空袋或養樂多瓶等，可依照何種餘料不可夾雜何種雜物項目來檢討，如滲雜則予以扣效率獎金多少，以使餘料發生部門注意，把餘料當作材料看待，減少處理費用，提高使用價值。

五、材料以舊換新

1. 實施以舊換新

實施材料以舊換新，在管理上規定凡非消耗性材料，因不能繼續使用而須予報廢更新時，應將舊料繳回倉庫，但雖然有明文規定，到底有沒有徹底要求呢？如何才能有效的實施呢？如果沒有徹底實施，則各廠處課隨意繳回或過一段時間收取繳回會發生不完整，其弊病與無規定相同，甚至會特別注意手套及竹掃帚的以舊換新，而忽略重要材料的以舊換新，其實手套及竹掃帚如果好好檢討合理耗用量，設定標準用量，妥為控制即可，不實施以舊換新亦可。實施應該徹底，惟不可忽略重要項目，捨本而求末。

談到以舊換新的管理，就要連想到使用消耗程度及消耗品如何管理的問題，例如使用消耗無法一一加以計數的，磅重不準確沒有

辦法磅重量，應該採取什麼樣的管理才行，這些問題在管理上都應該好好的加以思考才行，例如手套用破了重量減損，油污了重量增加，無法以磅重來收繳舊料，有沒有辦法一個一個去數它，如果資材管理者與現場會同檢討，到底一個月手套應該用多少？那一部門用的合理？原因在那裏？有一個合理的設定基礎，加以比較分析，設定一個用量標準，例如每月原來用 60 套，能不能用 40 套，節省 20 套與獎金辦法連起來給獎金，有一個獎勵的辦法，這是一個小例子，但能夠全盤加以檢討考慮，那就可以獲得完整的管理，我們不能以為有最節儉的美德，最愛獲珍惜東西，手套的一面用破了反過面來用，那是對自己的東西，別人的或公家的則不盡然，浪費的不道德的也很極端，某大公司新建工程的閥類數千個因規格請購錯誤不用，把它全部埋在地下，部份工程完工，40 包水泥及 20 餘片鐵板整理工地為方便計就埋入地下的事情都有，因此資材管理要細心做到以替換新是有道理的。

2. 材料以舊換新的需要性

以舊換新的管理意義在於：

(1) 促使經濟有效的使用材料

非消耗性材料以舊換新，可以看出有無充分利用材料，或尚可利用而隨意捨棄，如有不合理可藉以舊換新而予要求改進。

(2) 防止盜取私用

如無以舊換新則小件材料可能被私人盜取使用，有以舊換新則必以舊品更換，如經常更換，其使用時間較一般短，亦可以查覺，因此有防止盜用的作用。

(3) 殘餘價值的回收

非消耗性材料經使用後，大都有殘餘價值，以舊換新可使這些有殘值材料全部集中，由於集中管理可作最有效的處理，以回收殘

值。

由上述的問題點及實施以舊換新在管理上發揮的作用看，實施材料以舊換新來降低生產成本是資材管理所應加強的一項工作，正與人事上以新換舊以促進維持衝勁在管理上所獲得的效果相呼應。

六、呆料處理的實例分析

1. 呆料處理

⑴呆料之處理現況與缺失

目前公司對呆料之確認未有任何客觀標準。僅由物料庫之管理人員依其經驗判斷物料是否為呆料，報經有關主管（依物料之使用單位）核定，再轉送業務部門，將呆料拍賣。其最大缺點為用料單位對呆料之意義不瞭解，無法判斷物料是否為呆料，因此只要物料庫一提出呆料名單，用料單位元幾乎全部同意其為呆料。

⑵呆料處理之改進辦法

為改進上述之缺點，擬將呆料之認定與處理程序改進如下：

①其作業程序圖如下：

②每屆年終盤點時查看存量卡，算出上次領料到盤點日之時間。

③凡物料（非屯積以應付漲價之物料）在 8 個月未曾需用者，一律將此物料，登記於呆料報告卡（此工作由庫房人員負責）。

④企劃人員依呆料報告卡追查呆料原因，確定是否為呆料。

⑤確定為呆料後交由業務部門拍賣。

⑥業務部門處理後將其資料送會計部門。

圖 16-1 作業流程圖(原始)

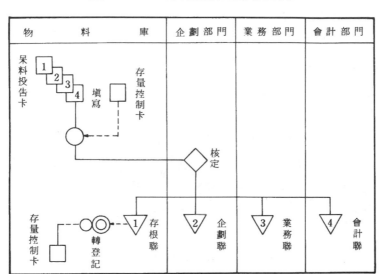

⑦呆料報告卡：

表 16-1 呆料報告卡

頁數_____   填卡日期____年____月__日

物料編號	規格	名額	數量	單位	金額	發生原因	審核結果	備註

2.廢料處理

⑴廢料之處理現況與缺失

公司目前處理之程序如下：

①由廢料產生單位(物料庫或生產單位)填寫廢料卡一式兩份。

②經廢料產生單位主管(課長以上)之核定。

③將核定後之物料送至業務部門，由業務部門拍賣（有價值者），或銷毀（無價值者）。

此方法之缺點為廢料之產生單位，往往不會珍惜物料，又想操作迅速與方便而產生不應該產生之廢料。

⑵**廢料處理之改進辦法**

將上述方法改進如下：

①由廢料產生單位填寫廢料卡，一式三份。

②經廢料產生單位主管，（課長以上）之核定。

③將核定後之單據送經企劃處，由企劃處審核。

④企劃處審核後，再將廢料送至業務部門處理。

⑤其所用單據如下：

表 16-2　廢料報告單

填表單位：＿＿＿＿＿＿＿　　　　單據號碼：＿＿＿＿＿＿＿

廢　　料		數量單位	原購買單價	發生原因	備　　註
名　稱	編　號				

企劃員：　　　　　　單位主管：　　　　　　填表員：

⑥其作業程序圖如下：

圖 16-2　作業流程圖(改進)

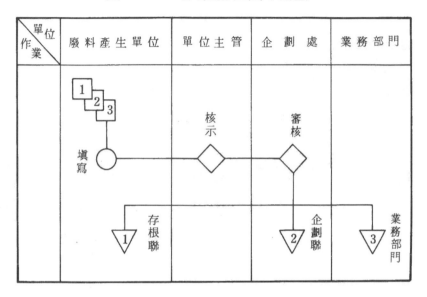

七、呆廢料管理辦法

1. 目的

　　有效推動本公司滯存材料及成品的處理，以達物盡其用，貨暢其流，減少資金積壓及物料管理困擾。

2. 範圍

本公司所有呆滯廢料。

3. 定義

　　⑴滯料：凡品質(型號、規格、材質、效能)不合標準，存儲過久已無使用機會，或有使用機會，但用料極少存量多且有變質疑慮，或因陳腐、劣化、革新等現狀已不適用需專案處理的材料。其形成

原因如下：

　　①銷售預測值高造成儲料過剩(BTN 材料)。

　　②訂單取消剩餘的材料(BTO 材料)。

　　③工程變更所剩餘的材料。

　　④品質(型號、規格、材質、效能)不合標準。

　　⑤倉儲管理不善致使材料陳腐、劣化、變質。

　　⑥用料預算大於實際領用。

　　⑦請購不當。

　　⑧試驗材料。

　　⑨代客加工餘料。

　　⑵滯成品：凡因品質不合標準、儲存不當變質或制妥後遭客戶取消、超量製造等因素影響，導致儲存期間超過 6 個月的成品，需專項處理。

　　滯存原因分類如下：

　　①計劃生產(BTN)：

　　A.正常產品庫存超過 6 個月未銷售或未銷售完。

　　B.正常品庫存雖未超過 6 個月但已發生變質。

　　C.與正常品同規格因品質或其他特殊因素未能出庫。

　　D.每批生產發生的次級品儲存期間超過 3 個月。

　　②訂單生產：

　　A.訂單遭客戶取消超過 3 個月未能轉售或轉售未完。

　　B.超制。

　　C.生產所發生的次級品。

　　③其他：

　　A.試製品繳庫超過 3 個月未出庫。

　　B.銷貨退回被列為次級品。

⑶物料控制部門設定呆滯料處理小組，專門預防及跟蹤處理呆滯料事件。

4. 工作職責與作業流程

⑴滯料處理工作職責：

①物料控制部門：

A. 6 個月無異動滯料明細表的填制。

B. 滯料庫存月報表的編制。

②滯成品處理部門：

A. 請購案件查看有無滯料可資利用。

B. 追查滯料 6 個月無異動的原因，擬定處理方式及處理期限。

C. 留用部份的督促。

⑵作業流程：

①貨倉部於每月 5 日前，依類別將 6 個月無異動的物料填制報表。

②滯料處理部門接到報表後，追查滯存原因及擬定處理方式及處理期限。

③貨倉部接到滯料處理報告表後，應在料賬卡上註明處理方式。

④若滯料處理方式屬於出售、交換，即由採購部門負責辦理。

⑤工程部門接到滯料處理表後，應立即積極依擬定的處理期限進行處理：

A. 在開發設計新產品時應優先考慮呆料的利用。

B. 對於存量過多的呆料，得由開發部研究使用此呆料於現有機種的可能性或為現行使用零件的代用品。

C. 對於已淘汰機種所造成的器材料必須維持必要數量的修復零件。

⑥逾期仍未處理完畢的，應註明原因並重新擬定處理方式，經

物料控制部門批准後繼續處理。

⑦為防止呆料的發生，物料控制主管核定申購單時特別注意請領數量，對於即將淘汰的產品應特別注意。

⑧擬報廢方式處理的，應由物料控制部門開具物料報廢單，經核准許可權的人員批准後，進行報廢處理。

⑨淘汰舊產品時應有完善計劃以儘量避免呆料的發生。

八、呆料的作業規定

1. 每屆年終盤點。月末抽樣盤點(或其他必要之時機)時查看存量控制卡，算出上次領料到盤點日之時間。

2. 原料(非屯積性之原料)在半年未曾動用者，其他物料(非屯積性之物料)在一年未曾動用者，一律將此物料登記於呆料報告單上。

3. 呆料判定與處理之流程圖、程序說明如下：

⑴流程說明：

a.存管組依存量控制卡之資料查出可能為呆料之物料並將其填寫於呆廢料報告單上，送至庫房。

b.庫房依據庫房之料帳核對並簽章，再送至品管課，使用單位。簽核意見再送經(副)總經理核示。

c.經(副)總經理核准後，將呆(廢)料報告單之第 1、2、3、4聯依序分送至存控組庫房使用單位與財務課。

d.若存儲於使用單位或分庫則使用單位必須辦理繳庫作業。

⑵流程圖如下：

圖 16-3 作業流程圖

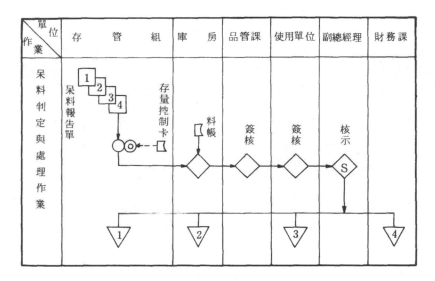

4.呆料原則上每年處理一次，必要時得視情況而作臨時性處理。處理時由物管理課依公營事業之規定辦理標售，轉讓，捐贈，銷毀等，處理辦法呈請總經理核定後。交由總務課執行等。

5.總務課執行辦理後填寫呆(廢)品處理的明細表。

6.呆料報告單之格式與填寫方法：

⑴格式見下表：

表 16-3　呆料報告單

　　　年　　月　　日　　　　　　　　　　　　　編號：_____

頁次	料號	品名規格	使用單位	數量	單位	單價	總價	審核意見	審核結果	備註

(副)總經理：　　　　　　工務課長：　　　　　　物管課長：

庫房：　　　　　　　　　　　　　　　　使用單位：

表 16-4　呆廢品處理明細表

　　　年　　月　　日　　　　　　　　　　　　　編號：_____

料號	品名規格	數量	單位	原　價		處理方法	殘　價		備註
				單價	總價		單價	總價	

總經理：　　　　　　　物料課長：　　　　　　製表員：

⑵填寫方法：

a.項次序依 1、2、3……填寫。

b.使用單位欄中，需填寫所有之使用單位。

c. 審核意見欄由使用單位填寫，若空間不夠。可以附件說明．

d. 審核結果欄由(副)總經理填寫。

e. 若為呆料則簽核處之工務課免簽核。

f. 若為廢料則簽核處之庫房與存控組免簽核。

九、廢料的作業規定

1. 凡本廠之廢料均需繳由廢料場全權處理。廢料產生單位不可逕行處理。

2. 廢料產生單位需填寫呆廢料一式三聯之報告單，經其主管簽核再送經工務課，物管課簽核意見，轉呈(副)總經理核示後第一聯自存，第二聯送至財務課。第三聯送至存管組。

3. 廢料搬運工作由物管人員依當時人力、搬運工具之情況決定使用推高機或申派車輛、人力。

4. 廢料送至廢料場後，廢料場應建立存量卡控制之，並將不堪加工挑出，辦理繳庫手續，繳回庫房。

5. 同呆料處理辦法第(五)條。

6. 同呆料處理辦法第(六)條。

十、台北工廠的呆料處理做法

1. 呆料的處理缺失

目前公司對呆料之確認未有任何客觀標準，僅由物料庫之管理人員依其經驗判斷物料是否為呆料，報經有關之主管(依物料之使用單位)核定，再轉送業務部門，將呆料拍賣。其最大缺點為用料單位對呆料之意義不瞭解，無法判斷物料是否為呆料。因此只要物料庫

一提出呆料名單，用料單位幾乎全部同意其為呆料。

2.呆料處理的改進辦法

為改進上述缺點，擬將呆料之認定與處理程序改進如下：

(1)其作業程序圖如下：

圖 16-4　作業流程圖（原始）

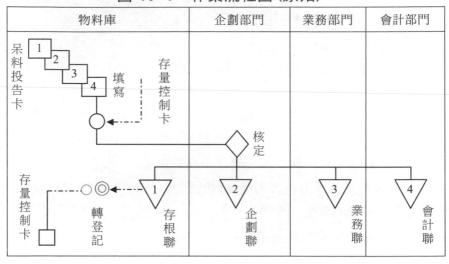

(2)每屆年終盤點時查看存量卡，算出上次領料到盤點日之時間。

(3)凡物料（非屯積以應付漲價之物料）在 8 個月未曾需用者，一律將此物料，登記於呆料報告卡（此工作由庫房人員負責）。

(4)企劃人員依呆料報告卡追查呆料原因，確定是否為呆料。

(5)確定為呆料後交由業務部門拍賣。

(6)業務部門處理後將其資料送會計部門。

廢（殘）料：

(1)廢（殘）料之處理現況與缺失

公司目前處理之程序如下：

①由廢料產生單位(物料庫或生產單位)填寫廢料卡一式兩份。

②經廢料產生單位主管(課長以上)之核定。

③將核定後之物料送至業務部門，由業務部門拍賣(有價值者)或銷毀(無價值者)。

此方法之缺點為廢料之產生單位，往往不會珍惜物料，又因操作迅速與方便而產生不應該產生之廢料。

(2)廢(殘)料處理之改進辦法

將上述方法改進如下：

①由廢料產生單位，填寫廢料卡一式三份。

②經廢料產生單位主管，(課長以上)之核定。

③將核定後之單據送經企劃處，由企劃處審核。

④企劃處審核後，再將廢料送至業務部門處理。

⑤其作業程序圖如下：

圖 16-5　作業流程圖(改進)

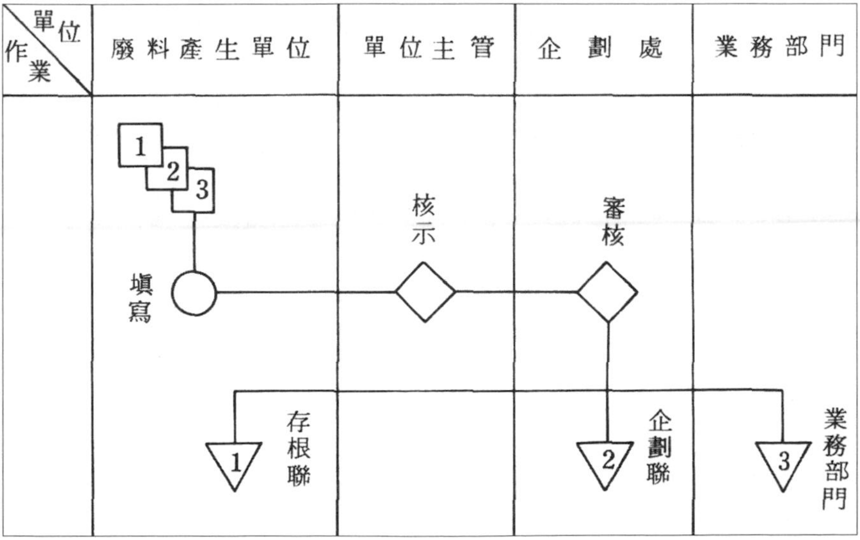

⑥其所用單據如下：

表 16-5　廢料報告單

填表單位：　　　　　單據號碼：　　　　　填表日期：　年　月　日

廢　料		數量單位	原購買之單價	發生原因	備　註
名　稱	編　號				

⑦呆料報告卡：

表 16-6　呆料報告卡

物料編號	規格	名額	數量	單位	單價	金額	發生原因	審核結果	備註

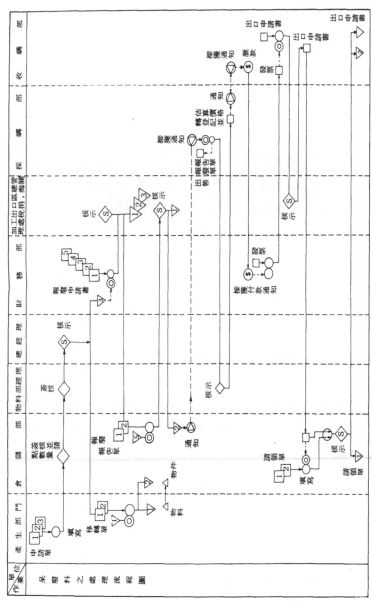

圖 16-6　呆廢料處理流程圖

案例　節節攀升的呆料

　　集團的財務總監每到年底都有一項非常棘手的任務：呆料報告及呆料的處理。

　　集團今年的銷售額約為 90 多億，庫存水準約為 35 億多。這個數據顯得不是非常漂亮，與同行業年庫存週轉平均 6 次、優者 12 次的水準相比，相差甚遠。而其中庫存報表中的呆料為 8.2 億。每年財務總監都要為呆料問題召開一系列的會議，討論、分析並試圖解決呆料問題。而不幸的是，集團的呆料水準就像當今美國的國債一樣越積越多，而且只升不降，年年講，年年漲。

　　每年的開會分析幾乎是浪費時間：呆料的實物在倉庫，但倉庫只管進出貨，而採購是根據計劃下的訂單，計劃部門的計劃則依照銷售的訂單，銷售的訂單則來自於客戶的合約。原因是最終由於客戶將合約取消了，這個產品又是定製品，無法再出售給別的客戶，時間長了則成為呆料。客戶取消合約，誰又能承擔責任呢。又不能將客戶找來興師動眾地開會責問。最終，往往是一場無果的會議。

　　在與高層討論呆料的問題時，更為艱難，沒有原因，更拿不出結果。如何處理這些呆料，沒有領導出面簽字，總是要再討論討論，放一放，寄希望於尋找到能接手這些呆料的客戶，或者放到下一年再處理。年復一年，呆料越來越多。而集團的整體庫存週轉率無論如何也不能繼續提高，進一步影響到集團的資金週轉率。然而高比例的庫存，並不能減少生產部門缺料斷貨的抱怨，

而計劃部門則不斷提出要求，希望庫存水準不斷提升。但財務部門非常頭疼的是，目前的狀況是，庫存水準已經佔到總流動資產的 70%，集團的總流動負債幾乎與庫存水準相當。很顯然，這個數字無言以對股東的質疑。當然，旭際集團的其他財務指標都還非常漂亮，如銷售額、利潤、增長率等主要資料，都能讓投資者滿意。

今年，財務總監下決心要把呆料問題徹底解決。恰巧的是，集團新近人職了一位剛剛畢業的管理學碩士。財務總監將任務分派給這位年輕人，讓他下基層、做調查、拿方案。今天這位年輕人正坐在財務總監的辦公室做彙報：

「集團的競爭對手都是一些國際巨頭，像 ABB、施耐德之類的大公司，旭際集團的主要客戶則是如發電廠一類的國家或地方政府有政策性相關的企業。客戶就是上帝，集團的客戶則是『上帝中的戰鬥機』。這類客戶的要求都非常高，特別鍾愛提出有自己特點的特殊要求和定製產品，似乎認為只有這樣才能體會到做上帝的快感。

例如發電廠往往會對供應商的標準化產品提出自己的修改要求：控制櫃上所安裝的設備要求要按照客戶的要求增減，不同地區操作工身高的差異，要求改變控制臺高低以達到人體工程學的要求，由於機房的裝修不同，要求控制櫃的大小尺寸也要按照裝修的要求進行改變，而這些要求都被 ABB 和施耐德這樣的公司一一駁回：控制櫃多餘的設備儀器可以不用，少的再另加控制櫃；控制臺不夠高可以自己加腳墊；裝修前就應該考慮控制臺的大小。而客戶選擇旭際集團的重要原因除了價格因素之外，就是因為旭際集團願意按照客戶的各種具體要求定制產品。然而，發電

廠的建設改造項目常常因國際國內的經濟大環境變化而改變，或由於地方政府的政策變動、人事變動而被擱置，還會由於環保評估不通過，社會輿論壓力也會改變建設計劃。結果是合約被取消或進行設計變更，訂制的產品也被取消。由於是非標產品，別的客戶又會提出不同的要求，而不能通用，產品被長期存放於倉庫。隨著時間的推移，定製品上的一些圖樣都找不到了，控制櫃上的設備和儀器也過時了，新的儀器的價格比老機器的價格便宜，功能還更多，設計人員也不願意花時間和精力對呆滯產品進行改造再銷售。而且也沒有激勵制度鼓勵設計工程師利用呆滯產品。銷售由於客戶取消合約已經影響到自己的獎金，也不願進一步對呆滯的產品負責。

再說旭際集團的管理層，對於每年的呆料報告的態度是退避三舍。財務總監過去曾提出將部分時間過久的呆料報廢處理，但遭到了強大的阻力。是因為這將直接沖減集團當年的利潤，影響業績，每年都不了了之。」

分析得相當漂亮，財務總監更想聽得到是，這位管理學碩士是否能拿出一個切實可行的解決方案，不但從實物和財務上如何處置現有的呆料，進一步如何避免呆料的生成。

你會拿出什麼樣的解決方案？如何預防呆料的形成？如何處理呆料？

【案例剖析】

在案例中，呆料的形成原因已經敍述得非常清晰了：客戶的定制化要求比較特殊；客戶對合約的取消非常隨意；標準化水準低；以及三種原因的集合。解決的手段當然非常困難，這涉及企

業戰略，像這一類型的客戶是否還是我們企業的目標客戶？企業在考慮戰略時，不能只考慮如何滿足客戶的需求，還要考慮用哪種方法去滿足，這種方法的選擇一定要涉及庫存水準。

首先，企業要回答一個問題：「以多大成度滿足客戶的需求？」有的企業提出：「100％地滿足客戶的需要」，有的企業高喊：「120％地滿足客戶的需要」，第二句話那只是一條掛在牆上的標語口號而已。企業要為自己制定一個服務水準，即回答多大成度，例如：95％，還是97％，或是90％，這是企業的戰略目標。在這個戰略目標下，企業的各個部門的各種活動的方向也就決定了。庫存水準的配置是為了企業的戰略目標服務的。

所以，如果企業不放棄這些特殊要求的客戶，那麼企業就要做好準備去承受相應的庫存。或者，提高自己的標準化水準，降低庫存，不為這些客戶服務。再有一種方法，' 就是改造客戶，許多客戶常常把「個性化需求」掛在嘴邊上，實際上只是滿足一種與眾不同的心理需求而已。蘋果公司的 iPhone 手機將所有的個性化都集中在一部手機上，最多給你外殼上的差別，就僅僅這種差別，也只是黑白兩種而已，千百萬的客戶也不都接受了嗎？而且還有這麼多趨之若鶩的蘋果粉絲。無數事實證明，客戶是可以教育的、可以改造的，過度地去遷就客戶的需求，只是銷售的行為，恰恰顯示了企業市場行銷運作的能力低下。

埃利·惠特尼早在兩百多年前就將「標準化」這種革命性的思想所帶來的大規模生產體制，使世界人民的生活水準有了極大的提高。今天，「標準化」無所不在，標準化活動由企業行為步入國家管理，進而成為全球的事業，活動範圍從機電行業擴展到各行各業，並進而擴散到全球經濟的各個領域。世界各國都把「標

準化」工作置於極其重要的地位。而各國企業都把推行國際標準化工作當成提高自身核心競爭力和融入世界的重要措施。當我們受惠於「標準化」所帶來的巨大好處時，有必要對「標準化」思想進行回顧，才能使我們對這種革命性的思想有一個更深刻的理解。

客戶的滿意度不是一句口號，是企業的戰略決策，必須從戰略高度對客戶服務水準及庫存做一個平衡與取捨。但在一定戰略目標下，企業的操作層面則既要滿足企業制定的客戶服務水準，又要降低庫存及呆料數量，這就需要相應管理的措施，這稱為戰術層面的活動。

作為定制和非標準化產品，要以項目管理的方式來展開，即將與該項目所有有關的費用都納入到這個項目中去。在是否決定接受這個合約時就做出評估，並評估其中的各種風險及風險的防範手段。在實施時，獨立核算，每一項費用、每一項物料的採購都要計入項目，最終對項目的盈虧進行績效考核。而不僅僅對合約的銷售額考核。如果銷售認為這個合約虧了也要做，那麼要有管理層批准，再制定出從哪一個項目的利潤中為該項目填補虧損的漏洞，從其中挖出利潤為其服務。採購在遇到非標件及定制產品時，也要特別小心，儘量在非標件中提高其中的標準化率，並將非標件的加工盡可能的延後，減少非標件的加工週期。在開始就為可能出現的呆料找到解決方案。再有，由於客戶原因而造成最終客戶反悔不要的情況時，項目負責人要負責對出現的呆料進行處理，包括積極推動其他客戶去購買這種非標定制產品。或者將呆料消化到其他項目中去。

總的原則，呆料越早解決越好、越容易，越拖越難，最終成

為死料。在此原則下，要定期總結呆料，將呆料按時間分級，剛出來時就找出其形成的原因，指定其原因生成者負責解決。不間斷的，永續的呆料控制手段會有效地降低呆料出現的可能性，一旦出現，立刻進行處理，企業要據此建立這樣的呆料預警及處理流程。

　　對於長期處理不掉的呆料，要進行財務上的材料跌價損失準備，通常（例如半年），一旦呆料出現，當月馬上做帳面的跌價處理，例如將呆料的面值降低一半，沖計當月成本。如果在一個呆料週期（一年）後，則價值降為原來的 10%。再過一個週期，則需要進行物理層面的處理，例如變賣、退給供應商或直接報廢，總之還是要防止拖延。呆料面值降價的好處是預防風險，隨時處理，不會積累到不能處理、不敢處理的天文數字。這樣處置的優點還有，降價後，內部調配會更有吸引力，使用者更願意用低價的呆料。

心得欄 -
- -
- -
- -
- -
- -

第 *17* 章

盤點管理

　　盤點絕不僅僅是點點數而已，實際上，它是另一種形式的檢查確認。通過盤點，既可以發現操作中的失誤，又可以確認工作的效果和效率，並為下一步工作的決策提供依據。

　　盤點的具體作用概述如下：

　　1. 督促作用，即督促物料人員認真工作；

　　2. 檢查作用，即檢查收發料和搬運過程中產生的錯誤；

　　3. 確認作用，即確認賬、物的一致性和準確性；

　　4. 訂貨依據，因盤點的資料最準確，所以，可以作為訂貨的依據；

　　5. 衡量效率，利用盤點的結果評價物管工作的有效性，並為做出新決策提供證據。

圖 17-1　盤點流程圖

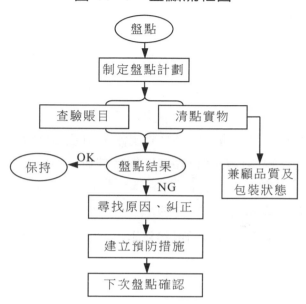

一、盤點的實施步驟

1. 準備工作

(1)進度計劃：盤點前需事先擬訂日程，分配盤點工作人員擬定計劃進度。

(2)人員：工作人員包括會計部門之監盤人員，管制部門之監盤人員，儲存部門之管料人員與搬運人員。若實行定期盤點制，所需之大量人員須事先加以組織訓練。

(3)在盤點前所有紀錄均應登記清楚，所有賬目，均需先結清，倉庫方面應將未處理完之驗收手續辦妥，應配送之物料，須悉數送出，清出倉庫內不必要之雜物，檢查度量衡器。若為生產現場(線)之盤點，則生產現場(線)需將下述物料退回庫房：

①規格不符之物料。

②超發(領)之物料。

③呆廢料。

④不良半成品。

然後再盤點。一般生產事業之盤點對於生產現場(線)之盤點頗不重視，經常以估計的方法來推算出物料數量，此方法不適用於直接物料，頗為複雜之工廠，因為估算出來的值差額可能甚大，因此此類工廠之生產現場(線)在盤點時，須將其視為一分倉庫，並確實盤點之。

2. 盤點結果應填制下列報告

(1)物料實地盤點量與賬面或物料卡不符者，應行填制「差額報告表」。

(2)超過預定週期(見呆料之確定標準)未曾收發者，應填制「呆料報告單」。

(3)若物料品質發生變異時，應填制「廢料報告表」。

(4)規格、編號、單位有差誤者，應列表指明錯誤之處。

3. 盤點盈虧的原因

(1)記賬時看錯數字。

(2)運送過程發生損耗。

(3)盤點計數錯誤。

(4)自然性之揮發及吸潮。

(5)碰損報廢及因氣候影響發生之腐蝕、硬化、生銹、生黴及變質等。

(6)容器之破損而流失。

(7)單據遺失，收發料未過賬。

(8)捆紮包裝之錯誤。

(9)度量器欠準確，或使用方法錯誤。

4. 物料盈虧原因的追查收料賬處理

盤點後，若發現某項物料有盈虧情況應進一步追查其原因，依其發生之原因追查各部門應負擔之責任。

若已查明原因則分析此原因是否可避免：

不可避免之原因——應免議處

可避免之原因——可諒恕——酌予議處

不可諒恕

(1)議處並追賠。

(2)議處並追究刑責與追賠。

物料除了數量會盈虧外，有些物料(如酒)其數量(金額)可能有所增減，這些變遷經審核手續後，在物料賬目均需加以調整。

5. 盤點用的表單格式

(1)盤點簽範例：

表 17-1　盤點簽

盤點簽　◎　　No.＿＿＿＿ 料號＿＿＿＿ ------------------------------ 數量＿＿＿＿　　單位＿＿＿＿ No.＿＿＿＿　　　料號＿＿＿＿ 說明＿＿＿＿＿＿＿＿ 已完成之工作＿＿＿＿＿＿ ＿＿＿＿＿＿＿＿＿＿ 數量＿＿＿＿　　單位＿＿＿＿ 儲存地點＿＿＿＿＿＿＿ 計數人＿＿＿＿＿＿＿＿ 備註

◎		
日期	計數後收料	計數後發料

正面　　　　　　　　　　　　　　　　背面

(2)盤點報告表範例：

表 17-2　盤點報告表 1

倉庫盤點報告表　　　　　　　　　　　　區＿＿＿＿＿

記數＿＿＿＿＿＿＿＿＿　　覆核＿＿＿＿＿　　調整＿＿＿＿＿

| 物料 | | 料架簽 | 賬面原 | 補正 | 賬面 | 實存 | 爭盈 | 單價 | 補正實 | 實際盈 |
編號	規範	數量	存數	記錄	爭數	數量	虧數		盤金額	虧金額

表 17-3　盤點報告表 2

| 卡片 | 倉位 | | | | 物料編號 | 名稱 | 規範 | 單位 | 數量 | 單價 | 金額 | 備考 |
號碼	庫	行列	架	層								

(3)物料盈虧報告表範例：

表 17-4　盤點盈虧報告表

發現		物料編號	名稱	規範	單位	賬面數量	質盤數量	盈虧數量		單位		盤盈金額		盤虧金額	
月	日							盤盈	盤虧	賬面	估定	數量	金額	數量	金額

盈虧原因分析	運輸盈虧	運輸數量	起訖地點	運輸工具	包裝方法	盈虧數量	盈虧原因	過去盈虧情形	運輸保險	代理或交貨入賠償責任	今後改善對策
			自 至								
	磅差	收發總數	收發次數	衡量用具	衡量方法	度量衡有無校正	最後校正日期	過去盈虧情形			
	倉儲盈虧	收發數量	平均庫存	數量回轉率	庫房設備	櫥架設備	保養方法	巡視制度	過去盈虧情形		
	責任歸屬處理意見										

實盤人　　盤點監督　　管料人　　管賬　　會計主管　　單位主管						
批示	年　月　日核准 字第　號（　）	經辦主管　　稽核　　人事主管				

⑷**盤點分析表範例：**

表 17-5　盤點分析表

物料編號	名稱	規範	單位	上期盤點			本期收料			本期發料			本期盤點			最高存量	最低存量	標準單價	超過最高存量數	低於最低存量數	全期回轉率	實際存料單價較標準單價超過/低於	全期發料次數	供應不繼發生次數	說明
				數量	單價	金額	數量	單價	金額	數量	單價	金額	數量	單價	金額										

表 17-6　盤點匯總分析表

類別	上期盤點		本期收料		本期盤盈（或增價）		本期發料		本期盤虧（或減價）		本期盤點		標準存料金額	標準與實際盤點相較		金額回轉率		呆料		說明
	項數	金額	項數	金額	項數	金額	項數	金額	項數	金額	項數	金額		超過	低於	標準	實際	項數	金額	明

(5)盤點更正表範例：

表 17-7　盤點盈虧及價格增減更正表

物料編號	名稱	規範	單位	賬　面			實　存			數量盈虧		價格增減		差異原因	責任歸屬
										盤盈盤虧		增價減價			
				數量	單價	金額	數量	單價	金額	數量	金額	單價	金額		

二、日常盤點的工作

　　盤點有封閉式和半封閉式兩種，封閉式是指在與外界斷絕/隔離的情況下進行，半封閉式則是局部隔離進行。盤點一般應在倉庫主任的主導下按規定或計劃實施。

　　日常盤點是指每日工作結束時進行的賬、物自我確認，它的目的是確認一天的工作結果——收發賬目的平衡，並關注每日的重要事項。

　　日常盤點的工作要素包括：

1. 盤點計劃：一般做出規定，不需要單獨計劃
2. 盤點責任者：倉庫擔當人員
3. 盤點內容：僅限當日收、發和移動部份的物料
4. 盤點時間：當日工作結束之後
5. 盤點方式：不限

6. 盤點速度：速度要快，時間不宜超過 10 分鐘

7. 盤點確認者：倉庫組長

8. 盤點記錄：一般不需要

月盤點是指每月工作結束時進行的賬、物檢查和確認，它的目的是對當月的工作結果進行一次全面檢討，以便發現問題實施預防和糾正。與月盤點類似的還有週盤點、旬盤點、季盤點等，它們的區別只不過是盤點週期有差異而已，其性質則基本相同。

圖 17-2　月盤點的工作內容

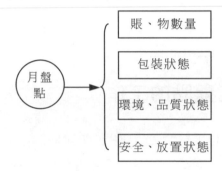

月盤點的工作要素主要包括：

⑴盤點計劃：按計劃進行

⑵盤點責任者：倉庫擔當人員

⑶盤點內容：重點是當月的收、發和移動部份的物料，但須兼顧全面

⑷盤點時間：當月月尾適當時間，一般選擇夜班進行

⑸盤點方式：封閉式和半封閉式均可

⑹盤點確認者：倉庫主任

⑺盤點記錄：按表單格式記錄

例如：

表 17-8　某電子公司盤點計劃表

序號	物料類別	盤點內容	兼顧項目	盤點週期			備註
				日常	月	年	
1	IC 類	檢件	包裝	√	√	√	
2	貴重類	檢件、斤	有效期	√	√	√	
3	PCB 類	檢件	包裝	√	√	√	
4	線材類	檢包	有效期	√	○	√	
5	電池類	檢粒	有效期	√	○	√	
6	電器類	檢件	包裝	○	○	√	
7	電子元件	檢件	包裝	○	○	√	
8	機心類	檢件	包裝	√	√	√	
9	五金類	檢件	包裝	√	○	√	
10	塑膠類	檢件	包裝	√	○	√	
11	玻璃品	檢件	包裝	√	○	√	
12	膠水類	檢件、斤	有效期	×	√	√	
13	液體類	檢件、斤	有效期	×	√	√	
14	輔助料	檢件、斤	有效期	○	√	√	
15	包裝料	檢件	包裝	○	√	√	
16	不良材料	檢件	包裝	○	√	√	
17	在工品	檢件	包裝	○	○	√	
18	半成品	檢件	包裝	○	○	√	
19	成品	檢套	包裝	○	√	√	
20	儲備品	檢套	包裝	×	○	√	
21	不良品	檢套	包裝	○	○	√	

說明：

√：表示必須要實施　　○：表示可以選擇實施　　×：表示可以不實施

三、年度盤點的工作

年度盤點是指每年工作結束時進行的賬、物全面檢查和確認，它的目的是對當年度的工作結果進行一次全面檢討，以發現問題，實施預防和糾正措施，並為決策提供依據。

圖 17-3　年度盤點的工作內容

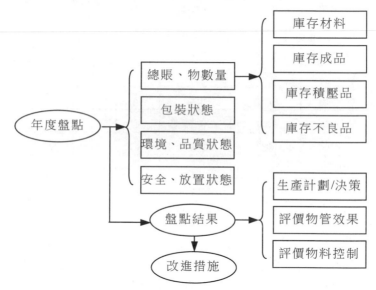

年度盤點的工作要素包括：

1. 盤點計劃：按計劃進行
2. 盤點責任者：倉庫擔當人員
3. 盤點內容：當年在庫物料的總的數目和狀態
4. 盤點時間：當年年底適當時間，一般選在年尾一週內進行
5. 盤點方式：封閉式
6. 盤點確認者：物料管理部課長

7.盤點記錄：按表單格式記錄

四、電子工廠的盤點制度

1. 平時盤點

平時公司物料庫人員得不定期抽檢物料以核其實物與賬卡有無確實，作成記錄，通知會計部門與企劃部門，依報告追查差異原因，與擬定補救辦法，會計部門依此報告調整賬卡。

2.年終盤點

⑴由會計部門，企劃部門派人組成盤點單位。

⑵總庫管制之物料由總庫會同監盤單位、盤點。

⑶分庫管制之物料由總庫會同監盤單位、盤點。

⑷每屆年終由監盤單位排定日程，填寫通知單給庫房。

⑸庫房填寫盤點單一式三聯。

⑹盤點完畢將盤點單分送企劃，會計部門，企劃部門依盤點單追查差異原因，會計依此單據入賬。

⑺其所用之盤點單如下：

表 17-9　物料盤點單

頁數：　　　　　　填表時間：　　年　　月　　日　　　填表人：

物料編號	名額	倉位號碼	單位	實盤數量	差異數量	單價	金額	差異原因	備註

⑻其作業程序圖如下：

圖 17-4　作業程序圖

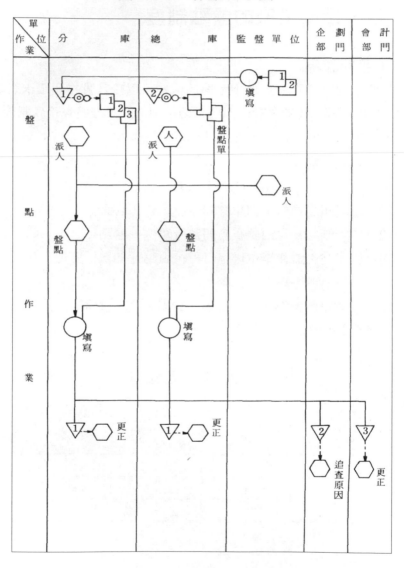

案例　工廠物料盤點制度的實例研討

某工廠經過實際盤點後，發現盤點結果如下：

(1)盤點工作由財物課、物管課，組織清點小組會同清點。

(2)盤點時間：

①成品及主料每月一次。

②副料每三個月一次。

③零配件、工具每半年一次。

(3)盤點方法採連續盤點制之分類巡迴盤點法。

(4)盤點後，應編製「物料清點盈虧報告表」。

(5)若有盈虧，則需查明原因，並依規定處理盈虧之調整。

1.現況缺點

(1)盤點工作過於頻繁，盤點小組之人員無法抽出足夠時間來參與工作，因此盤點工作往往由管料之人員親自清點，失去盤點之客觀立場。

(2)清點小組沒有品管人員。

2.改進辦作與作業規章

(1)本廠儲存物料之盤點分為二類：

①年度結束盤點，每月末依抽樣方法，抽出數種物料進行盤點。

②月末之抽樣盤點，每月末依抽樣方法，抽出數種物料，進行盤點。

(2)各類物料之抽點方法：

①重要管理物品，全數清點。

②原料、成品：抽 40％，若清點結果有短缺情況，則全數清點其餘之 60％。

③副料、零配件：抽 20％，若清點結果有短缺情況，則再抽點其餘 80％中之 50％，若再有短缺則全數清點其餘未清點項目。

④其他物料：僅作年度盤點。

(3)盤點由物管課主持，財務課與品管課派員監盤，共組成盤點小組。

(4)盤點前需先將存量控制卡與庫房之料帳之收入發出與結存欄詳為核對，確保無誤。

(5)盤點時，有關物料之品質問題由監盤單位之品管課負責。

(6)執行盤點前，對使用量具應確實檢查確保準確無誤。

(7)盤點應按物料之類別依次進行。

(8)盤點之作業程序應依據下述之流程圖與程序說明辦理之。

(9)流程說明：

①存管組依據存量控制卡填寫清單明細表送至庫房。

②庫房依據料賬核對數量，並打電話通知盤點單位。品管課與財務課派人參加盤點。

③庫房人員會同監盤單位人員盤點物料。並將實際數量填寫於盤點單上。

④若清點發現差異，則主辦人員填寫調整報告送經廠長核示。

⑤經總經理核準後，將盤點明細表與調整報告表之第 1、2、3 聯依序分送存管組，庫房，財務課。

第 *18* 章

物料管理辦法

※材料管理辦法

(一)通則

第一條　本公司為加強所屬各機關材料之採購、修造、收發、保管、登記、報核及廢品處理等管理事項，除另有規定者外，悉依本辦法之規定。

第二條　本辦法所稱各機關係指下列單位：

1. 各事業部門管理機構。

2. 各生產工廠。

3. 各分支機構（例如營業所）。

第三條　本辦法所稱材料如下：

1. 原物料流動資產：指原料（包括殘廢料）物料包裝材料及其它儲存品之流動性之財務，即系在會計單位以原料物料科目所處理之財務。

2. 消耗品：指燃油料、一般公用物品等，經使用即失去原有效

能或價值之物料。即在會計單位以製造、營業、管理等費用科目處理之物料。

第四條　各項材料應有統一譯名，單位分類及編號由各單位配合實際需要詳細訂定。但沒有聯合物料管理的單位，應由該機構統一訂定。

第五條　凡各種材料之採購、驗收、促管、登記，應指定專人分別負責辦理，採購、保管人不得兼理料賬及採購事務及保管工作，更不能一人兼任。

第六條　材料倉庫得視實際需要，酌情派駐倉庫，會計人員辦理有關材料價格之核標帳冊之登記及報表之編造等事項。

第七條　各種材料之價格，應包括原價、運費、保險、稅捐或約定由買方負擔搬運中之破損損失。

第八條　各種材料領用時之單價計算，均採用加權平均法或其他通用方法，以各批材料數為權數。

第九條　材料管理單位應與會計管理單位隨時取得聯繫，對於材料統馭賬與明細賬以及材料登記卡所登記之實際收發盤存數額必須隨時核對，對互為鉤稽以免岐異混亂，如有岐異即應查究原因，必要時應將查明報告層峰核辦。

(二)請購處理

第十條　各種經常使用之一般性材料應參照核定之儲存最高及最低量由倉庫管理單位依照規定辦理請購手續，其餘之材料由有關單位請購，並以整批採購為原則。

第十一條　凡屬各公司能共同使用或大宗之材料應由採購單位依照實際需要統籌訂購配撥。

第十二條　請購材料應由請購單位填具請購單送呈單位主管審

核認可，並依其材料性質分別送至有關單位後，送採購單位詢價。

第十三條　各種材料之負責請購單規定原則如下：

1. 經常使用之一般性材料——由倉庫管理單位負責。

2. 原料物料——由製造管理單位負責。

3. 事務用品——由總務或有關單位負責。

4. 消耗品（經常儲存材料除外）——總務或有關單位負責。

5. 宣傳性材料——由企業或營業單位負責。

6. 贈送品——由總務或營業單位負責。

7. 包裝材料（經常儲存材料除外）——由製造管理或營業單位負責。

第十四條　請購單位於請購前應查明庫存情形，然後再辦理請購手續。

第十五條　請購單位開具請購單時應注意下列各項：

1. 應記載品名、種類、規格、材料編號、品質、單位、數量、廠牌、用途、需用期限，尤其規格、廠牌等欄務求詳盡。

2. 必要時得另附圖案、說明書或樣品，以免填寫錯誤或規格不明等增加聯繫上之事務，因而造成供料不繼之損失。

3. 規格如涉及材質（如銅、鐵、不銹鋼）者，應將材質註明，以免購買錯誤，凡有特殊規格者，則應附詳細資料。

4. 需用日期之填寫應確實研究耗用量及存量等資料後填寫，以供採購人員採購及交貨控制之根據。

5. 對於特殊新購規格品應儘量將所知廠牌、規格、價格品質等資料註明，以利採購人員詢購。

第十六條　請購前應確實檢討請購該用品之必要性，核准請購時亦應確實注意，以免發生浪費。

第十七條　請購案件如需要變更規格、數量或取消時，應即以

書面通知物料部門聯絡採購單位處理。

第十八條　固定或用量變化不大之材料可預先請購，以便採購有充裕時間辦理或整批請購，以取得大量採購在價格上之優勢，並於採購單上註明分批交貨日期，以控制適當存量。

第十九條　請購單應於主管核准當天送達物料部門。

第二十條　凡請購自料而委託外商加工者，應記載委託加工材料名稱、加工方法、成品規格、用途及驗收標準等事項。

（三）物料處理

第二十一條　物料部門接到請購單時，應詳細檢查請購單有無填寫不全或填寫錯誤之處。

第二十二條　請購單應於接單當天詳填採購參考量欄（單價、庫存量、請購未到量、可用日數等）送主管審核，如有適量庫存。應即返回請購單，並通知請購部門，尚有庫存可以領料。

第二十三條　物料部門主管應盡速審核請購單，經主管審核後之請購單應於當天送採購單位。

第二十四條　物料部門為生產部門與採購單位之橋樑及負責物料之控制，對於物料各項動態應確實掌握，對於每一請購案件應確實整理「內購事務處理控制表」（18-1）以掌握控制採購案及催辦。

第二十五條　對於逾越約交日期之案件，應即與請購單位研討確實需要日期，提供採購單位確實辦理，以催辦單催辦。

表 18-1　內購事務處理控制表

___年___月___日　　　　　　　　　　　　　No._____

請購單位		請購單號碼		請購日期	
材料名稱		請購期限			
		訂購日期			
		交貨日期		□分批交貨　□一次交貨	
交貨要點		備　　註			

單位主管：　　　　　　　　　　　　　　製表：

　　第二十六條　對於材料到庫當天應即通知請購及有關單位檢驗，若有逾越二日未到驗者，應確實催促辦理。

　　第二十七條　經檢驗不合格之材料不以扣款處理者，應盡速將該材料退回供應商，並通知採購單位督促該供應商更換或另購，以免影響生產。

　　第二十八條　收料時若發現請購單所列數量單位與詢價單位或送料單位（如為件）與收料單位（如為公尺或公斤）不一致時，應再加以換算後方可收料，並須於請購單收料欄或分批收料單上註明。

　　第二十九條　詢價欄如有不同材質（如銅質或鐵質）之價格時，應註明所收材料之材質。

　　第三十條　收料時如數量或單位有所更改，應請檢驗人員會簽。

　　第三十一條　經驗收合格之材料應於當天辦理收料，如請購單未寄達，可以分批或按收料單辦理收料（註明請購單編號以及分批收

料理由)於當天轉送採購單位。

第三十二條 物料單位對於收發料應於當天記錄材料收發記錄表使實存數量與賬上結存數量一致。

表 18-2 ××公司材料收發記錄表

項次	請購單 (或領料單) 號數	品名	規格	收發 數量 (A)	前日庫存 數量(B)	今日庫存 數量 (A-B=C)	備註

單位主管： 主管： 製表：

第三十三條 常備材料應確實檢討用料與庫存量，並適時請購補充庫存。

第三十四條 待驗收之材料應與已收材料分別存放，以免混淆。

第三十五條 請購單分送處理如下：

1. 國內採購——請購單應將請購詢價收料併為一單，一式五聯，一聯由請購單位存查，其餘四聯送採購單位，經收料後由採購單位依照請單聯別，分別存查及分送各有關單位(會計、倉庫、物料)。

2. 國外採購——一式七聯，由請購單位存一聯，其餘六聯送採購單位分別自存二聯及分送會計、物料、總管理處各二聯。

第三十六條 國外採購之材料主辦請購單應參照其交貨運輸期間及儲存品使用情形妥為規劃請購時期。

第三十七條　機械器具之製造或修理請購應事先擬具預算，經層峰核定後再辦理請購手續。

第三十八條　前條預算必要時應附具圖案、說明書或可資說明之參考文件。

第三十九條　前條預算編擬時，對於所需材料單位得事先查估，但對整套機器之估價，應徵得採購單位之同意後為之。

第四十條　前條預算書內應記載下列事項：

1. 品名(即各種所需單位材料)。
2. 規格、性能、品質(必要時需提供參考廠牌)。
3. 數量。
4. 單位。
5. 金額(預估單位價格或標準單價)。
6. 付款條件。
7. 交貨期限。

(四)採購處理

◎總則

第四十一條　採購單位接到請購單(或修護單)後，應即依照單據列載事項著手辦理採購。

第四十二條　採購方式原則如下：

1. 依三家以上之估價的比價或議價方式為原則，但有特殊情形者不在此限。
2. 大宗採購或特殊情形者，得以投標方式進行為原則。
3. 零星採購由採購單位自行決定。
4. 特殊器材之購置，得遴派專人或籌組委員會辦理。

第四十三條　採購預算之編審及執行，應依照預算規則或其他

規定辦理。

◎**權責**

第四十四條 材料之採購應設置單位集中辦理，主辦購置材料之詢價，決價「訂購等事務，其權責不得割裂，如因實際需要確有不便集中者，得將該部份業務委託有關單位代辦，但仍應受採購單位之督導。

第四十五條 採購之決定，由課長以上人員核准，其權責之劃分由經理自行決定。

第四十六條 採購權責劃分如表 18-3。

第四十七條 執行採購時應遵守下列事項：

1. 採購人員應基於「以公司為己任」之公正責任心，並以適品、適時、適量、適價而購置。

2. 儘量向經常交易之殷實廠商訂購。

3. 採購材料之選定應依其使用目的，對其性能品質、價格之交貨期限加以審慎之檢討後行之。

4. 購置材料之品質、性能，應留意選擇。

5. 對於市場行情或技術資料經常與各單位密切之聯繫。

6. 貨款之支付，應依合約契約或約定的條件執行。

7. 購置材料如無正常理由，不得分批辦理。

8. 訂有交貨期限者，應經常密切注意承包廠商之進度予以督催。

表 18-3　採購權責劃分表

項次	區分	摘要	其他關係							
			採購組長	業務課長	經理	總經理	董事長	協議	申請委託通知	備註
一	採購業務	1. 採購業務基本方針	立	立	決	報		有關單位		
		2. 有關採購處理規程之制定與改廢	立	立	決					
		3. 職務權限、業務分掌之新設與改廢	立	立	決					
二	1. 原物料購入業務　2. 副物料購入業務　3. 托外加工業務	1. 索取估價單的廠商之選定 (1)重要者	立	立	決			生產單位		
		(2)其他	立	決	報					
		2. 估價單之比較與檢討	立	決	報					
		3. 購入契約(交貨廠商及採購諸條件之決定) (1)特殊或重要者(含外購)	立	立	立	決	報			
		(2)其他 ①一件未滿 1000 元	立	決				生產單位		
		②一件未滿 3000 元	立	立	決					
		③一件未滿 6000 元	立	立	立	決				
		④一件 6000 元以上		立	立	立	決			
		4. 訂貨單之發行	立	決	報			生產單位	總務單位	
		5. 交貨日期管理	立	決				生產單位		
		6. 請求賠償權之處理 (1)重要者	立	立	決	報		生產單位		
		(2)其他	立	決	報					
		7. 貸款支付手續	立	立	決			會計單位		

續表

三		1. 索取估價單的廠商之選定	立	立	決			生產單位	
		2. 日用品之採購者與價格的決定							
		(1)一件未滿1000元	立	決					
		(2)一件未滿5000元	立	立	決	報			
		(3)一件5000元以上	立	立	決	報	報		簽呈
四	器材購入計劃	1. 有關器材購入的基本方針		立	決	報		生產單位	
		2. 貯藏品購入預算案作成	立	立	決			生產單位	
		3. 適量庫存品的設立變更	立	決					
		4. 每月購入品付款預算之作戰	立	決	報				
五	器材購入及請修之業務	1. 索取估價單的廠商之選定							
		(1)一般市面製成品							
		①重要者	立	立	決			生產單位	
		②其他	立	決					
		(2)特別定製品						生產單位	
		①重要者	立	立	決				
		②其他	立	決					
		2. 估價單的比較檢討	立	決	報				
		3. 購入契約(交貨廠商及採購諸條件之決定)一般市面製成品及定製品							
		(1)一件未滿2000元	立	決	報				
		(2)一件未滿5000元	立	立	決	報			
		(3)一件未滿10000元	立	立	立	決	報		
		(4)一件10000元以上		立	立	立	決		
		4. 訂購單的發出	立	決	報			總務單位	
		5. 交貨日期管理	立	決				生產單位	
		6. 請求賠償之處理						生產單位	
		(1)重要者	立	立	決				
		(2)其他	立	決					
		7. 貸款支付手續	立	決	報			會計單位	
六	上項廢料之處理	1. 索取估價單的廠商之選定	立	立	決			生產單位	總務單位
		2. 不用品之收購者與價格的決定						生產單位	
		(1)一批未滿1000元	立	決					
		(2)一批未滿3000元	立	立	決	報			
		(3)一批3000元以上		立	立	決	報		

第四十八條 非採購人員，未經採購單位之同意者，對外不得進行採購之預備行為。

◎採購程序

第四十九條 採購單位接到請購單或請修單後，應即依照單列記載事項，向各廠詢價（以電話或書信詢價方式）。於取得估價後，將比價結果填到比價記錄欄，報經各級主管核定後辦理訂購手續，如情形特殊者，得以議價辦理。

第五十條 購置材料之詢價方式如下：

1. 招廠商同時競標。

2. 複數詢價。

3. 單獨議價。

第五十一條 購置材料如有下列情形者，需單獨詢價或議價。

1. 主要機器之附屬品或補充備品。

2. 技術上或設備能力其他廠商無法比照者。

3. 專利或公賣品者。

4. 發包修造中必須追加者。

5. 應予保密之器材者。

6. 認為單獨進行比較有利者。

7. 零星採購者。

第五十二條 估價單之啟封由採購單位辦理，但巨額款之採購必要時由會計單位派員會辦。

第五十三條 估價單啟封後，如其內容與所提案件不符或不正確者，須要求其廠商補之。

第五十四條 訂購之決定原則如下：

1. 採購以最低價為原則，但應考慮交貨期限，付款條件、廠商信用狀態、品質耐久力等實際條件作為選擇的因素。

2. 對於本公司製品在品質上有利者。

3. 二家以上之同價者，採用有名廠牌或殷實廠商。

第五十五條 採購材料應以一物一單，並儘量以現貨為原則，如需經過定購手續預付現金，訂期交貨者，應與廠商簽訂「合約契約」除將副本一份會同請購單位及會計單位備查外，正本應送總務單位保管。

第五十六條 上述合約契約書內容應訂明下列條件事項：

1. 品名、數量、單位。

2. 規格、品質、性能或容許誤差範圍。

3. 單價、金額及付款條件。

4. 交貨期限及地點。

5. 交易上所需之各種費用之負擔。

6. 保固期限。

7. 罰則：交貨期限或其他事項不依契約履行及瑕疵發生之責任問題。

8. 其他必要的條件。

第五十七條 不履行契約之索賠，由採購單位簽擬意見呈報層峰核定。

第五十八條 材料發包後，採購單位應嚴密稽查其進度情形及工作內容，如有異狀應作適當的處理。如情形特殊者，請購單位可以直接查詢，但仍應得到採購單位的瞭解會同處理。

第五十九條 所購置之材料，因有時間性必須控制其交貨期限必要者，請購單位應於採購決定後，作成「採購計劃表」連同請購單交由採購單位執行(上述採購計劃表，應儘量設法為簡明之表式化)。

第六十條 為簡化購置材料之詢價、訂購、付款等採購手續訂

定下列範圍為零星採購。

1. 文具、紙張及其它辦公用品，每批採購價不超過 300 者。

2. 經常需要物料，每批採購價不超過 500 者。

第六十一條　對於各種採購是否以零星採購辦理，悉由採購單位參酌前條規定情形自行決定。

第六十二條　零星採購經採購單位詢價後即自行決定訂購。而詢價後因廠牌或其他原因，認為有必要送回請購單位者，經會簽後即以訂購。

◎一般規定

第六十三條　採購主管應切實督導部屬，依規定執行詢價及交貨控制業務。

第六十四條　採購主管對於一般採購案，應於當天核批或轉呈核。

第六十五條　採購經辦人員應切實整理詢價及交貨控制資料，以適時購進所需材料。

第六十六條　採購單位對於異常及未能於需要日期前交貨之購案，應於需要日期前以「採購事務聯絡單」通知物料部門轉回請購單位提供意見。

第六十七條　採購經辦人員對於一般規格品應於二個月內，訂製品於五日內完成詢價工作，未能依限完成者，應事先報請採購主管備查。

第六十八條　採購經辦人員對於廠商交貨之品質與交貨期等信用，應加以分析並有充分瞭解，以選擇信用可靠之廠商購買所需材料。

第六十九條　對物料部送達之「催辦單」應加緊切實辦理，並即時予以答復。

第七十條　對於辦妥收料之採購案件應隨時連同憑證，加以整理後匯送會計部門整理付款，不得積壓憑證。

第七十一條　對於廠商之憑證審核其台頭有無書寫錯誤，其所列品名、單位、數量、金額與收料記錄是否相符，如超出收料記錄，則以收料記錄為準以實付處理，如少於收料記錄(廠商多交貨即交貨超過請購數量以請購數量清款者)，則以憑證金額為準整理付款。

第七十二條　要求廠商一材料開一憑證，如數種材料同一憑證，則需書寫清楚，並逐一核對無誤後整理付款，絕對不得更改收料記錄以符合憑證總金額。

第七十三條　請購單詢價訂購，應註明訂購後幾天交貨。

第七十四條　詢價核購後應即將請購單送物料部門待收料。

◎附則

第七十五條　採購單位視實際需要，簽呈設置定額週轉金，以便零星採購之支應。

第七十六條　採購週轉金不得墊作其他項目之借支。

第七十七條　採購單位應按期(分半年及全年)填具「材料別供應單位一覽表」及「品種別材料採購單位採購統計表」呈報單位主管。

第七十八條　檢驗單位接到物料部門通知驗收時應即派員驗收，最遲不得超過二天，需要分批化驗者不得超過需要日期辦理，其有檢驗不合格者，應附書面註明不合格理由及驗收日期速送物料部門處理。

第七十九條　驗收時應按檢驗條件辦理，確實檢驗，以避免收料後發生無謂紛擾，實收數量有更正時應由檢驗及收料人員會簽。

表 18-4　材料供應單位一覽表

自　　年　　月　　日起至　　年　　月　　日止　　　　No.

項次	主要採購品名	供應材料單位名稱	電話	月間採購總額	比率%	付款條件			備註
						現款	支票	支票期日	
						%	%	日	
						%	%	日	
						%	%	日	
						%	%	日	
						%	%	日	
						%	%	日	
	合計：				100%	%	%	日	

核示：　　　　　單位主管：　　　　主管：　　　　製表：

表 18-5　品種材料採購統計表

項次	品種	材料	名稱	1月	2月	…	11月	12月	銷售%
			數　量						
			金　額						
			平均單價						
			數　量						
			金　額						
			平均單價						
			數　量						
			金　額						
			平均單價						

總經理：　　　　　副總經理：　　　　　經(副)理：

課　長：　　　　　組　長：　　　　　製　表：

(五)驗收及收料

第八十條　所謂驗收，是為確認所購之材料，是否符合訂購時所約定(或契約)的條件，或圖樣及原樣品的品質。

第八十一條　採購單位在材料到達時，應由請購單位，將其數量、品質、金額等連同雜費等一併填寫「驗收報告表」交由倉庫及有關單位(必要時需會同會計單位派員會驗)。

第八十二條　驗收應依下列順序進行：

1. 非經請購及訂購貨品或無檢附經主管核定之請購單或修造單者，不予驗收為原則，但由機構主管指示者不在此限。

2. 雖有檢附主管核准之請購單或修造單，但有下列事項者，仍應拒絕驗收，並通知採購單位後，聽候主管指示作適當的處理。

⑴超過交貨期限過久者。

⑵與原約定(或契約)條件或圖樣及原樣品不符者。

⑶交貨單所列數量與現品數量不同者。

⑷破損、變質、損毀及其它瑕疵者。

⑸其他顯著之異常者。

第八十三條　同類之大批材料，得以一定的基準抽樣驗收。

第八十四條　因特殊情形一時無法將應檢驗之事項全部確認者，得先於捆包，將包裝之個數、重(數)量、包裝情形等予以暫收填具「暫時報告單」後，於五日內將應確認之全部事項檢驗完畢，但可能發生債權糾紛者，不得為預備之驗收。

第八十五條　所購材料應作品質化驗或確認有必要化驗者，應有化驗結果後，才能驗收。

第八十六條　驗收之材料有下列事項者，應請有關單位派員會辦：

1. 關於結構、性能及其它技術性者，應請設計、使用或技術等

有關單位會辦。

2.購置材料是由貨運業者搬運而發現異常者（數量不足或品質規格等與原約定條件不符或有損毀及其它瑕疵等）應請該運送業者立會並請其出具證明書。如是國外採購者應請公證機關並請其出具公證文件。

第八十七條　前條第二款手續辦妥後，應即連同文件通知採購單位向供應廠商交涉補足及退換或依契約條件索賠，其責任如屬於運送者或保險業者，則應由採購單位向該業者索賠。

第八十八條　分批交貨之材料，仍應於每批辦理驗收手續。

第八十九條　各級主管認為有必要時，得指派專人將經已驗收之材料予以複驗，經複驗後如發現與初驗情形不符者，應即查究原因並視其情節將有關人員作適當之處分。

第九十條　凡購置的材料到達後，而原始憑證等因故遲緩者，得依上述規定先行暫收，待憑證到達後再作驗收之手續。

第九十一條　驗收完畢之材料應繳入倉庫保管為原則，在不得已時可直接交由請購單位，但在驗收時，應請倉儲單位派員會辦。

第九十二條　外購材料收料報告單一式五聯，一聯存關務或採購單位，其餘四聯由該單位依照收料報告單聯別分送各有關單位（請購、會計、收料、總管處理）。上項材料報告單得參酌實際需要情形，增加副本分送有關單位。

第九十三條　材料繳入倉庫後，倉儲單位應填具「收料報告單」呈轉有關單位。

表 18-6　收料報告單

___年___月___日　　　　　　　　　　　　　　No._____

品名	規格	數量	單價	總價	備註
合計					

主管：　　　　　登賬：　　　　倉庫主管：　　　　製單：

第九十四條　倉儲收料應符合下列事項才能受理：

1. 系屬已請購之材料。

2. 驗收合格者。

3. 驗收不合格之暫時保管品。

第九十五條　收料報告單應經下列人員簽章：

1. 採購單位主管及經辦人員。

2. 收料單位主管及經辦人員。

3. 有關單位指派之會辦人員。

4. 機構主管或其授權人員。

第九十六條　驗收數量超過訂購數量者，以退回為原則，必要時得追加採購手續接納。

〔六〕保管

第九十七條　材料之保管以集中於倉庫管理為原則。

第九十八條　材料保管單位，對於各種經常所需之材料，應參照實際需要情形會同有關使用單位，切實擬定最高及最低庫存量標

準報請部主管核定實施。但應視實際情形，於半年重新審查調整一次。

第九十九條　各使用單位如認為由材料倉庫經常儲存供應較宜之材物者，得隨時擬定最高最低庫存量標準，報請部主管核定後交由倉儲單位辦理。

第一○○條　材料之儲存保管應依下列規定辦理：

1. 未經驗收的材料不得由材料保管單位存放於材料儲存所。

2. 不使倉儲的材料露儲，而露儲材料以不損害者露儲。

3. 材料應依其種類、性質、體積、重量及流動性等排列井然，放置於適當處所裨利領用及查點。

4. 凡有危險易燃者，應與其他材料另行分別隔離保管。

5. 凡屬儀器及貴重的材料，應存儲於箱內並予加鎖。

6. 材料儲存處所應保持清潔、乾燥，以免浸蝕毀損。

7. 材料領發須經材料保管人員在場監視辦理。

8. 具領材料未按規定手續辦理不得出庫。

第一○一條　違反前條第九項及第十二項規定的人員，倉庫管理人員應即予制止，否則倉庫人員應予議處。

第一○二條　各種材料之儲存依前條第三項規定存放，應按其種類、編號、名稱、最高最低存量於「材料登記卡」上記載，並繪畫「庫存最高最低與現存量圖」懸掛於該材料存放處所，逐批登記動態，俾以出貨迅速及易於盤查。

第一○三條　材料倉庫須備有經標準局檢定合格之度量衡器具，並應隨時準備，以免發生收發不符情形。

第一○四條　儲藏之材料，如因故不適使用或久存不用者，應由倉庫管理人員於每六個月清查一次，報經材料單位主管並通知有關使用單位設法儘量使用、利用或拍賣之。

第一○五條　材料於保管期內或於購入移轉時遇有損失者，應按其情節分別依下列規定辦理：

1. 由於經辦採購、運送或倉庫人員營私舞弊所致者應依法送司法機關辦理。

2. 由於經辦採運或倉庫人員過失所致者，按其情節輕重予以議處或責令賠償。

3. 由於通常之損耗所致者，應呈報機構主管核准，其屬於保管期內損失者，酌予盤存虧損處理。其屬於購入、退還、運輸、移轉損失者，酌情將其損失加入各該材料成本之內計算，以求計算產品成本之精確。

4. 由於失火、盜竊或其他意外事項所致者，應呈報單位主管核准後，以非常損失處理。

第一○六條　材料保管人員應嚴加注意材料之妥善保管，如有損壞短少應填具「庫存材料報損單」，除呈准報損壞者外，應由材料保管人員負責賠償(但天災或人力無法抗拒之損失除外)。

表 18-7　庫存材料報損單

____年__月__日　　　　　　　　　　　　　No._____

品名	單位	規格	數量	單價	總價	備註
	合計					
損壞或短少原因						
主管批示				倉儲主管意　　見		

第一〇七條　材料於運輸（於內部運送）途中，發生損耗時，承辦單位應填具「材料運損報告單」經核准後交由會計單位列賬。

表 18-8　材料運損報告單

單位：＿＿＿＿＿＿＿　　　　　　　年　　月　　日

品　名	規　格	數　量	單　價	總　價	備　註
合　計					
運損原因					

主管批示	提貨單位主管	倉庫單位主管	會　計	運送人

(七)領發

第一〇八條　各單位需要材料應填具「材料領料單」說明用途，註明工作單位預算編號（零星物品不在此限），經有關主管人員核定簽章後向材料倉庫辦理提領。

第一〇九條　領料單一式四聯：一聯存領用單拉，三聯送材料倉庫辦理發料時，應在領料單止加蓋戳記並記載實發數量後，將領料單抽存一份外，一聯送會計單位記賬，並匯填「耗用材料匯總表」交普通會計人員作為登入總賬之原始憑證，一聯送總務單位存查。

表 18-9　材料領料單

製造品號：_____　　　年　月　日　　　領料單位：_____

類別	料號	名稱	規格	單位	數量		單價	總價	用途
					請撥	實領			

廠　　　長：　　　　　登　賬：　　　　　倉庫：

單位主管：　　　　　領料人：

第一一〇條　耗用材料匯表由成本會計單位編造，而其每期耗用材料總數與領料單總數減去「退料報告單」總數之淨數相同。

第一一一條　倉儲單位每月應匯填「耗用材料匯總表」交會計單位作為登賬之原始憑證。

第一一二條　各級人員不得領用其職務以外之材料。

第一一三條　非因公務不得使用專供公用之材料。

第一一四條　非經有關人員簽認之領料單，倉儲人員不得核發。

第一一五條　材料保管人員，如發現領料單不符規定應予拒絕核發，並應通知有關單位查究，如有誤發，材料保管人員應予負責。

第一一六條　凡非消耗性之材料除確實第一次新領外，領用時應將原領用舊料繳回才能領用新料，否則保管材料單位應予拒絕核發。

(八)退料

第一一七條　各單位領到材料後，應指派專人保管，其耗用應

與領料單上所填用途相符，不得移做他用，如有剩餘或無需使用者，應即填「退料報告單」辦理退料手續，退料單內容務必註明原領料單號碼，俾使會計單位查核沖辦原用料之成本。

<h3 style="text-align:center">表 18-10　退料報告單</h3>

退料單位：　　　　　　　年　月　日　　　　請料單號碼：

退料品名	數　量	附　註
退料原因		
退貨貨運	月　日　　　貨運	
備　　註		

主管：　　　　　　　　　　經辦：

第一一八條　材料保管單位接到退料時經查明驗收後，即在退料單上加蓋戳記，註明實收數量，除抽出一聯外，一聯退還退料單位，一聯送成本會計單位匯填耗用材料總表交普通會計作為過入總賬之原始憑證。

第一一九條　所有資料或廢料應由主管單位會同有關單位，每三個月或半年整理一次，凡可修改利用者即修理備用，並估定價值列單通知會計單位辦理轉賬手續，撥出使用時仍照正式發料手續辦理。不能利用之舊料或廢料，由材料主管單位會同有關單位會擬處理辦法，報請機構主管核准後施行。

上項所稱之廢料不包括製造過程所發生之廢料，其處理辦法應於製造規章內規定。

第一二○條　各單位所有殘舊材物或廢料依一一八條規定手

續，繳交材料保管單位。

(九)記賬

第一二一條　各種材料除會計單位設置總賬及材料明細分類賬登記外，倉庫管理單位仍應設置存貨備查簿登記材料進出及盤存盈虧等的實際情形，並將核定之最高最低存量載於該存貨簿各該類頁上欄，以便隨時注意補充或做適當的處理。

第一二二條　材料存貨備查簿、材料明細分類賬所記載數量，隨時核對以免錯誤，如有差異應立即查明原因。

第一二三條　材料保管單位按月編造「材料收發日報」一式五份。一份存查，二份送會計單位，一份送材料管理單位備存，一份送器材室，並應於該月終了後一星期內填報。

(十)盤存

第一二四條　儲存材料應定期盤存，其原則如下：

1. 期末盤存：每半年應將所儲藏之材料全部盤存。

2. 季末盤存：每三個月應將所儲存之材料全部或分種類別盤存。

3. 月末盤存：每月以分種類別盤存為原則。

4. 抽查：由執行單位視情形，臨時決定全部盤存或部份查點。

第一二五條　前條第一款至第二款之盤存，由材料管理單位主持辦理，但盤存時應會請會計單位或簽請單位主管指派人員監盤。第四款之實施，應由會計或稽核單位或機構主管認為有必要時隨時實施查盤。

第一二六條　盤存是調查儲存材料之數量及其價值之增減，作為會計記錄之調整資料，抽查是臨時盤存儲存品之保管狀態，以期健全管理。

第一二七條　盤存應在實地以實物逐一盤點，絕不得以帳冊記載為之，而其數量應以材料賬為依據辦理。

第一二八條　盤存實施應依下列原則進行：

1. 盤存以前將倉儲單位之存貨備查簿與會計單位之材料分類明細賬，相互鉤稽查明無誤後辦理。

2. 盤存應在儲存處所之一端開始順序進行至另一端，以免混亂並求正確。

3. 盤存期間應停止出納為原則。

4. 盤存應隨時逐一記錄，並彙編盤存表，分「原物料盤存報告表」、「半成品盤存報告表」，在有關單位核查蓋章後呈報。

表 18-11　原物料盤存報告表

年　　　月

原物料名稱	單位	月結存	金額	月結量	金額	月用量	金額	月結存	單價	總價	暫收數量	金額

表 18-12　半成品盤存報告表

No.　　　　　股　　　　　　　　　　　　　　年　　月　　日

編號	名稱	單位	規格	數量	單價	總價	品質	備註
附註								

廠長：　　　　　　主管：　　　　　　會盤者：　　　　　倉庫：

5.盤存後應填造「盤存盈虧表」，並將其盈虧原因等填明於備考內，呈請機構主管核准後，以營業外收支處理並向稅捐機關報備。

表 18-13　原物料盤存盈虧表

日期：　　年　　月　　日至　　年　　月　　日

項　次	品　名	規　格	會　計庫存數量	實　際盤存數量	盤　存盈餘	虧損	備　註

核示：　　　　　單位主管：　　　　　會計主管：　　　　製表：

6.盤存時如發現故障品者，應將其列入「盤存故障品一覽表」，並將其故障情形註明呈報處理。

表 18-14　材料盤存故障品一覽表

自　　年　　月　　日至　　年　　月　　日止

項次	故障品名	規格	質料	單位	數量	價值	故障原因	備註

核示：　　　　　單位主管：　　　　　會計主管：　　　　　製表：

第一二九條　盤存後如發現巨額的盤虧者，應立即查究責任。必要時責令倉庫管理人員，負責賠償。

第一三○條　儲存品應由會計單位依會計法或稅法之規定予以評定價(時)值。

第一三一條　期末盤存之結果應為該期決算之依據，至自盤存之日起至決算日止之期間，對於增減及變化等，得以賬面所記載為之。

臺灣的核心競爭力，就在這裏！

圖書出版目錄

憲業企管顧問（集團）公司為企業界提供診斷、輔導、培訓等專項工作。下列圖書是由臺灣的憲業企管顧問（集團）公司所出版，自 1993 年秉持專業立場，特別注重實務應用，50 餘位顧問師為企業界提供最專業的經營管理類圖書。

選購企管書，敬請認明品牌：憲業企管公司。

1. 傳播書香社會，直接向本出版社購買，一律 9 折優惠，郵遞費用由本公司負擔。服務電話(02)27622241　(03)9310960　　傳真(03)9310961
2. 付款方式：請將書款轉帳到我公司下列的銀行帳戶。
   · 銀行名稱：合作金庫銀行（敦南分行）　帳號：5034-717-347447
   　公司名稱：憲業企管顧問有限公司
   · 郵局劃撥號碼：18410591　郵局劃撥戶名：憲業企管顧問公司
3. 圖書出版資料每週隨時更新，請見網站 www.bookstore99.com

經營顧問叢書

編號	書名	價格	編號	書名	價格
25	王永慶的經營管理	360 元	122	熱愛工作	360 元
47	營業部門推銷技巧	390 元	125	部門經營計劃工作	360 元
52	堅持一定成功	360 元	129	邁克爾·波特的戰略智慧	360 元
56	對準目標	360 元	130	如何制定企業經營戰略	360 元
60	寶潔品牌操作手冊	360 元	135	成敗關鍵的談判技巧	360 元
72	傳銷致富	360 元	137	生產部門、行銷部門績效考核手冊	360 元
78	財務經理手冊	360 元	139	行銷機能診斷	360 元
79	財務診斷技巧	360 元	140	企業如何節流	360 元
86	企劃管理制度化	360 元	141	責任	360 元
91	汽車販賣技巧大公開	360 元	142	企業接棒人	360 元
97	企業收款管理	360 元	144	企業的外包操作管理	360 元
100	幹部決定執行力	360 元			

146	主管階層績效考核手冊	360 元		226	商業網站成功密碼	360 元
147	六步打造績效考核體系	360 元		228	經營分析	360 元
148	六步打造培訓體系	360 元		229	產品經理手冊	360 元
149	展覽會行銷技巧	360 元		230	診斷改善你的企業	360 元
150	企業流程管理技巧	360 元		232	電子郵件成功技巧	360 元
152	向西點軍校學管理	360 元		234	銷售通路管理實務〈增訂二版〉	360 元
154	領導你的成功團隊	360 元		235	求職面試一定成功	360 元
155	頂尖傳銷術	360 元		236	客戶管理操作實務〈增訂二版〉	360 元
160	各部門編制預算工作	360 元		237	總經理如何領導成功團隊	360 元
163	只為成功找方法，不為失敗找藉口	360 元		238	總經理如何熟悉財務控制	360 元
167	網路商店管理手冊	360 元		239	總經理如何靈活調動資金	360 元
168	生氣不如爭氣	360 元		240	有趣的生活經濟學	360 元
170	模仿就能成功	350 元		241	業務員經營轄區市場（增訂二版）	360 元
176	每天進步一點點	350 元		242	搜索引擎行銷	360 元
181	速度是贏利關鍵	360 元		243	如何推動利潤中心制度（增訂二版）	360 元
183	如何識別人才	360 元		244	經營智慧	360 元
184	找方法解決問題	360 元		245	企業危機應對實戰技巧	360 元
185	不景氣時期，如何降低成本	360 元		246	行銷總監工作指引	360 元
186	營業管理疑難雜症與對策	360 元		247	行銷總監實戰案例	360 元
187	廠商掌握零售賣場的竅門	360 元		248	企業戰略執行手冊	360 元
188	推銷之神傳世技巧	360 元		249	大客戶搖錢樹	360 元
189	企業經營案例解析	360 元		250	企業經營計劃〈增訂二版〉	360 元
191	豐田汽車管理模式	360 元		252	營業管理實務（增訂二版）	360 元
192	企業執行力（技巧篇）	360 元		253	銷售部門績效考核量化指標	360 元
193	領導魅力	360 元		254	員工招聘操作手冊	360 元
198	銷售說服技巧	360 元		256	有效溝通技巧	360 元
199	促銷工具疑難雜症與對策	360 元		257	會議手冊	360 元
200	如何推動目標管理（第二版）	390 元		258	如何處理員工離職問題	360 元
201	網路行銷技巧	360 元		259	提高工作效率	360 元
204	客戶服務部工作流程	360 元		261	員工招聘性向測試方法	360 元
206	如何鞏固客戶（增訂二版）	360 元		262	解決問題	360 元
208	經濟大崩潰	360 元		263	微利時代制勝法寶	360 元
215	行銷計劃書的撰寫與執行	360 元		264	如何拿到 VC（風險投資）的錢	360 元
216	內部控制實務與案例	360 元		267	促銷管理實務〈增訂五版〉	360 元
217	透視財務分析內幕	360 元		268	顧客情報管理技巧	360 元
219	總經理如何管理公司	360 元				
222	確保新產品銷售成功	360 元				
223	品牌成功關鍵步驟	360 元				
224	客戶服務部門績效量化指標	360 元				

269	如何改善企業組織績效〈增訂二版〉	360元
270	低調才是大智慧	360元
272	主管必備的授權技巧	360元
275	主管如何激勵部屬	360元
276	輕鬆擁有幽默口才	360元
277	各部門年度計劃工作（增訂二版）	360元
278	面試主考官工作實務	360元
279	總經理重點工作（增訂二版）	360元
282	如何提高市場佔有率（增訂二版）	360元
283	財務部流程規範化管理（增訂二版）	360元
284	時間管理手冊	360元
285	人事經理操作手冊（增訂二版）	360元
286	贏得競爭優勢的模仿戰略	360元
287	電話推銷培訓教材（增訂三版）	360元
288	贏在細節管理（增訂二版）	360元
289	企業識別系統 CIS（增訂二版）	360元
290	部門主管手冊（增訂五版）	360元
291	財務查帳技巧（增訂二版）	360元
292	商業簡報技巧	360元
293	業務員疑難雜症與對策（增訂二版）	360元
294	內部控制規範手冊	360元
295	哈佛領導力課程	360元
296	如何診斷企業財務狀況	360元
297	營業部轄區管理規範工具書	360元
298	售後服務手冊	360元
299	業績倍增的銷售技巧	400元
300	行政部流程規範化管理（增訂二版）	400元
302	行銷部流程規範化管理（增訂二版）	400元
303	人力資源部流程規範化管理（增訂四版）	420元

304	生產部流程規範化管理（增訂二版）	400元
305	績效考核手冊(增訂二版)	400元
307	招聘作業規範手冊	420元
308	喬・吉拉德銷售智慧	400元
309	商品鋪貨規範工具書	400元
310	企業併購案例精華（增訂二版）	420元
311	客戶抱怨手冊	400元
312	如何撰寫職位說明書（增訂二版）	400元
313	總務部門重點工作（增訂三版）	400元
314	客戶拒絕就是銷售成功的開始	400元
315	如何選人、育人、用人、留人、辭人	400元
316	危機管理案例精華	400元
317	節約的都是利潤	400元
318	企業盈利模式	400元
319	應收帳款的管理與催收	420元
320	總經理手冊	420元
321	新產品銷售一定成功	420元
322	銷售獎勵辦法	420元
323	財務主管工作手冊	420元
324	降低人力成本	420元
325	企業如何制度化	420元
326	終端零售店管理手冊	420元
327	客戶管理應用技巧	420元
328	如何撰寫商業計畫書（增訂二版）	420元
329	利潤中心制度運作技巧	420元
330	企業要注重現金流	420元
331	經銷商管理實務	450元

《商店叢書》

18	店員推銷技巧	360元
30	特許連鎖業經營技巧	360元
35	商店標準操作流程	360元
36	商店導購口才專業培訓	360元
37	速食店操作手冊〈增訂二版〉	360元

38	網路商店創業手冊〈增訂二版〉	360 元
40	商店診斷實務	360 元
41	店鋪商品管理手冊	360 元
42	店員操作手冊（增訂三版）	360 元
44	店長如何提升業績〈增訂二版〉	360 元
45	向肯德基學習連鎖經營〈增訂二版〉	360 元
47	賣場如何經營會員制俱樂部	360 元
48	賣場銷量神奇交叉分析	360 元
49	商場促銷法寶	360 元
53	餐飲業工作規範	360 元
54	有效的店員銷售技巧	360 元
55	如何開創連鎖體系〈增訂三版〉	360 元
56	開一家穩賺不賠的網路商店	360 元
57	連鎖業開店複製流程	360 元
58	商鋪業績提升技巧	360 元
59	店員工作規範（增訂二版）	400 元
61	架設強大的連鎖總部	400 元
62	餐飲業經營技巧	400 元
63	連鎖店操作手冊（增訂五版）	420 元
64	賣場管理督導手冊	420 元
65	連鎖店督導師手冊（增訂二版）	420 元
67	店長數據化管理技巧	420 元
68	開店創業手冊〈增訂四版〉	420 元
69	連鎖業商品開發與物流配送	420 元
70	連鎖業加盟招商與培訓作法	420 元
71	金牌店員內部培訓手冊	420 元
72	如何撰寫連鎖業營運手冊〈增訂三版〉	420 元
73	店長操作手冊（增訂七版）	420 元
74	連鎖企業如何取得投資公司注入資金	420 元
75	特許連鎖業加盟合約（增訂二版）	420 元
76	實體商店如何提昇業績	420 元

《工廠叢書》

15	工廠設備維護手冊	380 元
16	品管圈活動指南	380 元
17	品管圈推動實務	380 元
20	如何推動提案制度	380 元
24	六西格瑪管理手冊	380 元
30	生產績效診斷與評估	380 元
32	如何藉助 IE 提升業績	380 元
38	目視管理操作技巧(增訂二版)	380 元
46	降低生產成本	380 元
47	物流配送績效管理	380 元
51	透視流程改善技巧	380 元
55	企業標準化的創建與推動	380 元
56	精細化生產管理	380 元
57	品質管制手法〈增訂二版〉	380 元
58	如何改善生產績效〈增訂二版〉	380 元
68	打造一流的生產作業廠區	380 元
70	如何控制不良品〈增訂二版〉	380 元
71	全面消除生產浪費	380 元
72	現場工程改善應用手冊	380 元
77	確保新產品開發成功（增訂四版）	380 元
79	6S 管理運作技巧	380 元
83	品管部經理操作規範〈增訂二版〉	380 元
84	供應商管理手冊	380 元
85	採購管理工作細則〈增訂二版〉	380 元
88	豐田現場管理技巧	380 元
89	生產現場管理實戰案例〈增訂三版〉	380 元
92	生產主管操作手冊(增訂五版)	420 元
93	機器設備維護管理工具書	420 元
94	如何解決工廠問題	420 元
96	生產訂單運作方式與變更管理	420 元
97	商品管理流程控制(增訂四版)	420 元
99	如何管理倉庫〈增訂八版〉	420 元
100	部門績效考核的量化管理（增訂六版）	420 元
101	如何預防採購舞弊	420 元
102	生產主管工作技巧	420 元

103	工廠管理標準作業流程〈增訂三版〉	420 元
104	採購談判與議價技巧〈增訂三版〉	420 元
105	生產計劃的規劃與執行（增訂二版）	420 元
106	採購管理實務〈增訂七版〉	420 元
107	如何推動 5S 管理（增訂六版）	420 元
108	物料管理控制實務〈增訂三版〉	420 元

《醫學保健叢書》

1	9 週加強免疫能力	320 元
3	如何克服失眠	320 元
4	美麗肌膚有妙方	320 元
5	減肥瘦身一定成功	360 元
6	輕鬆懷孕手冊	360 元
7	育兒保健手冊	360 元
8	輕鬆坐月子	360 元
11	排毒養生方法	360 元
13	排除體內毒素	360 元
14	排除便秘困擾	360 元
15	維生素保健全書	360 元
16	腎臟病患者的治療與保健	360 元
17	肝病患者的治療與保健	360 元
18	糖尿病患者的治療與保健	360 元
19	高血壓患者的治療與保健	360 元
22	給老爸老媽的保健全書	360 元
23	如何降低高血壓	360 元
24	如何治療糖尿病	360 元
25	如何降低膽固醇	360 元
26	人體器官使用說明書	360 元
27	這樣喝水最健康	360 元
28	輕鬆排毒方法	360 元
29	中醫養生手冊	360 元
30	孕婦手冊	360 元
31	育兒手冊	360 元
32	幾千年的中醫養生方法	360 元
34	糖尿病治療全書	360 元
35	活到 120 歲的飲食方法	360 元
36	7 天克服便秘	360 元

37	為長壽做準備	360 元
39	拒絕三高有方法	360 元
40	一定要懷孕	360 元
41	提高免疫力可抵抗癌症	360 元
42	生男生女有技巧〈增訂三版〉	360 元

《培訓叢書》

11	培訓師的現場培訓技巧	360 元
12	培訓師的演講技巧	360 元
15	戶外培訓活動實施技巧	360 元
17	針對部門主管的培訓遊戲	360 元
21	培訓部門經理操作手冊（增訂三版）	360 元
23	培訓部門流程規範化管理	360 元
24	領導技巧培訓遊戲	360 元
26	提升服務品質培訓遊戲	360 元
27	執行能力培訓遊戲	360 元
28	企業如何培訓內部講師	360 元
29	培訓師手冊（增訂五版）	420 元
30	團隊合作培訓遊戲（增訂三版）	420 元
31	激勵員工培訓遊戲	420 元
32	企業培訓活動的破冰遊戲（增訂二版）	420 元
33	解決問題能力培訓遊戲	420 元
34	情商管理培訓遊戲	420 元
35	企業培訓遊戲大全（增訂四版）	420 元
36	銷售部門培訓遊戲綜合本	420 元
37	溝通能力培訓遊戲	420 元

《傳銷叢書》

4	傳銷致富	360 元
5	傳銷培訓課程	360 元
10	頂尖傳銷術	360 元
12	現在輪到你成功	350 元
13	鑽石傳銷商培訓手冊	350 元
14	傳銷皇帝的激勵技巧	360 元
15	傳銷皇帝的溝通技巧	360 元
19	傳銷分享會運作範例	360 元
20	傳銷成功技巧（增訂五版）	400 元
21	傳銷領袖（增訂二版）	400 元
22	傳銷話術	400 元
23	如何傳銷邀約	400 元

《幼兒培育叢書》

1	如何培育傑出子女	360 元
2	培育財富子女	360 元
3	如何激發孩子的學習潛能	360 元
4	鼓勵孩子	360 元
5	別溺愛孩子	360 元
6	孩子考第一名	360 元
7	父母要如何與孩子溝通	360 元
8	父母要如何培養孩子的好習慣	360 元
9	父母要如何激發孩子學習潛能	360 元
10	如何讓孩子變得堅強自信	360 元

《成功叢書》

1	猶太富翁經商智慧	360 元
2	致富鑽石法則	360 元
3	發現財富密碼	360 元

《企業傳記叢書》

1	零售巨人沃爾瑪	360 元
2	大型企業失敗啟示錄	360 元
3	企業併購始祖洛克菲勒	360 元
4	透視戴爾經營技巧	360 元
5	亞馬遜網路書店傳奇	360 元
6	動物智慧的企業競爭啟示	320 元
7	CEO 拯救企業	360 元
8	世界首富　宜家王國	360 元
9	航空巨人波音傳奇	360 元
10	傳媒併購大亨	360 元

《智慧叢書》

1	禪的智慧	360 元
2	生活禪	360 元
3	易經的智慧	360 元
4	禪的管理大智慧	360 元
5	改變命運的人生智慧	360 元
6	如何吸取中庸智慧	360 元
7	如何吸取老子智慧	360 元
8	如何吸取易經智慧	360 元
9	經濟大崩潰	360 元
10	有趣的生活經濟學	360 元
11	低調才是大智慧	360 元

《DIY 叢書》

1	居家節約竅門 DIY	360 元
2	愛護汽車 DIY	360 元
3	現代居家風水 DIY	360 元
4	居家收納整理 DIY	360 元
5	廚房竅門 DIY	360 元
6	家庭裝修 DIY	360 元
7	省油大作戰	360 元

《財務管理叢書》

1	如何編制部門年度預算	360 元
2	財務查帳技巧	360 元
3	財務經理手冊	360 元
4	財務診斷技巧	360 元
5	內部控制實務	360 元
6	財務管理制度化	360 元
8	財務部流程規範化管理	360 元
9	如何推動利潤中心制度	360 元

為方便讀者選購，本公司將一部分上述圖書又加以專門分類如下：

《主管叢書》

1	部門主管手冊（增訂五版）	360 元
2	總經理手冊	120 元
4	生產主管操作手冊（增訂五版）	420 元
5	店長操作手冊（增訂六版）	420 元
6	財務經理手冊	360 元
7	人事經理操作手冊	360 元
8	行銷總監工作指引	360 元
9	行銷總監實戰案例	360 元

《總經理叢書》

1	總經理如何經營公司(增訂二版)	360 元
2	總經理如何管理公司	360 元
3	總經理如何領導成功團隊	360 元
4	總經理如何熟悉財務控制	360 元
5	總經理如何靈活調動資金	360 元
6	總經理手冊	420 元

《人事管理叢書》

1	人事經理操作手冊	360 元
2	員工招聘操作手冊	360 元
3	員工招聘性向測試方法	360 元
5	總務部門重點工作（增訂三版）	400 元

6	如何識別人才	360 元
7	如何處理員工離職問題	360 元
8	人力資源部流程規範化管理（增訂四版）	420 元
9	面試主考官工作實務	360 元
10	主管如何激勵部屬	360 元
11	主管必備的授權技巧	360 元
12	部門主管手冊（增訂五版）	360 元

《理財叢書》

1	巴菲特股票投資忠告	360 元
2	受益一生的投資理財	360 元
3	終身理財計劃	360 元
4	如何投資黃金	360 元
5	巴菲特投資必贏技巧	360 元
6	投資基金賺錢方法	360 元
7	索羅斯的基金投資必贏忠告	360 元

8	巴菲特為何投資比亞迪	360 元

《網路行銷叢書》

1	網路商店創業手冊〈增訂二版〉	360 元
2	網路商店管理手冊	360 元
3	網路行銷技巧	360 元
4	商業網站成功密碼	360 元
5	電子郵件成功技巧	360 元
6	搜索引擎行銷	360 元

《企業計劃叢書》

1	企業經營計劃〈增訂二版〉	360 元
2	各部門年度計劃工作	360 元
3	各部門編制預算工作	360 元
4	經營分析	360 元
5	企業戰略執行手冊	360 元

請保留此圖書目錄：

　　　　未來在長遠的工作上，此圖書目錄

可能會對您有幫助！！

在海外出差的………
台灣上班族

　　愈來愈多的台灣上班族，到大陸工作(或出差)，對工作的努力與敬業，是台灣上班族的核心競爭力；一個明顯的例子，返台休假期間，台灣上班族都會抽空再買書，設法充實自身專業能力。

　　[憲業企管顧問公司]以專業立場，為企業界提供最專業的各種經營管理類圖書。

　　85%的台灣上班族都曾經有過購買(或閱讀)[憲業企管顧問公司]所出版的各種企管圖書。

　　尤其是在競爭激烈或經濟不景氣時，更要加強投資在自己的專業能力上。

　　建議你：工作之餘要多看書，加強競爭力。

台灣最大的企管圖書網站
www.bookstore99.com

建立企業圖書館

當市場競爭激烈時：

培訓員工，強化員工競爭力
是企業最佳對策

　　「人才」是企業最大的財富。如何提升人才，是企業永續經營、戰勝對手的核心競爭力。積極培訓公司內部員工，是經濟不景氣時期的最佳戰略，而最快速的具體作法，就是「建立企業內部圖書館，鼓勵員工多閱讀、多進修專業書籍」

　　建議您：請一次購足本公司所出版各種經營管理類圖書，作為貴公司內部員工培訓圖書。使用率高的（例如「贏在細節管理」），準備 3 本；使用率低的（例如「工廠設備維護手冊」），只買 1 本。

給 總 經 理 的 話

　　總經理公事繁忙，還要設法擠出時間，赴外上課進修學習，努力不懈，力爭上游。

　　總經理拚命充電，但是員工呢？

　　公司的執行仍然要靠員工，為什麼不要讓員工一起進修學習呢？

　　買幾本好書，交待員工一起讀書，或是買好書送給員工當禮品。簡單、立刻可行，多好的事！

工廠叢書 ⑩⑧　　　　　　　　售價：420 元

物料管理控制實務〈增訂三版〉

西元二○一八年十一月　　　　　　　　增訂三版一刷

編輯指導：黃憲仁

編著：林進旺

策劃：麥可國際出版有限公司（新加坡）

編輯：蕭玲

校對：劉飛娟

發行人：黃憲仁

發行所：憲業企管顧問有限公司

電話：(02) 2762-2241　　(03) 9310960　　0930872873

電子郵件聯絡信箱：huang2838@yahoo.com.tw

銀行 ATM 轉帳：合作金庫銀行　　帳號：5034-717-347447

郵政劃撥：18410591　　憲業企管顧問有限公司

江祖平律師顧問：紙品書、數位書著作權與版權均歸本公司所有

登記證：行政業新聞局版台業字第 6380 號

本公司徵求海外版權出版代理商（0930872873）